AF355903

SUR LA PRODUCTION ET LA FIXATION

DES

VARIÉTÉS DANS LES PLANTES D'ORNEMENT

Extrait du *Journal de la Société impériale et centrale d'Horticulture*
X, 1864.

C.

Paris. — Imprimerie de E. Donnaud, rue Cassette, 9.

SUR LA PRODUCTION ET LA FIXATION

DES VARIÉTÉS

DANS

LES PLANTES D'ORNEMENT

Par B. VERLOT

CHEF DE CULTURE AU JARDIN DES PLANTES DE PARIS

MÉMOIRE QUI A REMPORTÉ LE PRIX DANS LE CONCOURS OUVERT, EN 1862

PAR LA SOCIÉTÉ IMPÉRIALE ET CENTRALE D'HORTICULTURE.

PARIS

J.-B. BAILLIÈRE ET FILS

LIBRAIRES DE L'ACADÉMIE IMPÉRIALE DE MÉDECINE

RUE HAUTEFEUILLE, 19

LONDRES	MADRID	NEW-YORK
Hippolyte BAILLIÈRE	C. BAILLY-BAILLIÈRE	BAILLIÈRE-BROTHERS

LEIPZIG, E. JUNG-TREUTTEL, QUERSTRASSE, 10

1865

LA PRODUCTION ET LA FIXATION DES VARIÉTÉS

DANS LES PLANTES D'ORNEMENT.

QUESTION PROPOSÉE.

Exposer, en se basant, soit sur des expériences nouvelles, soit sur des faits déjà connus et bien établis, les circonstances qui déterminent la production et la fixation des variétés dans les plantes d'ornement.

> Je dis ce que je sçai.
> Mont., *Essais.*

Cette question est certainement très-complexe, et si elle est l'une des plus importantes qu'on puisse poser en horticulture, elle est aussi l'une des plus difficiles à résoudre.

Avant de rechercher si nous pouvons rattacher à des causes connues la production des variétés chez les végétaux, il est nécessaire d'abord de bien déterminer le sens qu'on doit attribuer au mot *espèce;* car selon que nous en adopterons une définition plus ou moins large, la *variété* s'entendra d'une manière différente.

Nous sommes loin d'avoir la prétention de fixer la science sur ce point; nous voulons seulement, autant que possible, déterminer le sens que nous attribuerons à ce mot dans le cours de ce travail.

> *Quid species, bene censeris;*
> *speciei autem definitio ardua.*
> B. V.

Si l'on consulte un herbier, on trouve que les nombreux échantillons qui y représentent une plante spontanée offrent parfois entre eux des différences si grandes qu'on est porté *a priori* à les considérer comme devant appartenir à des types différents. Il n'en est rien cependant; ces échantillons ont été recueillis dans le même pays, et souvent sur le même individu.

Cette remarque, qu'on peut faire pour certaines plantes du Cap, par exemple pour le *Cluytia alaternoides*, se répète assez souvent sur les végétaux pour que nous nous abstenions d'en citer d'autres exemples.

Mais c'est surtout chez les végétaux cultivés depuis un grand nombre d'années, chez ceux-là même dont l'introduction est tellement ancienne qu'elle se perd dans la nuit des temps, que l'on constate des modifications profondes et multipliées : ainsi la culture a transformé les racines pivotantes ou fibreuses du Céleri, du Panais, de la Carotte, de la Betterave, etc., en racines charnues ou succulentes et diversement colorées. Les tiges des plantes, des arbres notamment, ont été considérablement rapetissées, et il en est résulté des formes naines; leur port s'est également modifié dans un grand nombre de cas et nous a offert des variations fastigiées, pyramidales, pleureuses, etc. Les feuilles se sont modifiées nonseulement dans leur forme, leur coloration, mais encore dans leur disposition. Le Noyer et le *Robinia* ont produit des variations monophylles ; le *Broussonetia papyrifera*, le Marronnier et beaucoup d'autres, ont donné des individus à feuilles profondément laciniées. Ces laciniures ou autres déformations analogues sont devenues plus manifestes encore dans d'autres végétaux, comme par exemple dans le Persil, le Cerfeuil, la Tanaisie, les Choux, etc. La coloration des feuilles a varié du blanc au jaune, du vert au rouge et au brun; enfin leur disposition, qui est cependant considérée par les botanistes comme un caractère de haute valeur, n'a pas échappé aux variations. Nous en avons un exemple dans le *Rosa cannabifolia* trouvé accidentellement sur un *Rosa alba* dans la belle collection de Rosiers du jardin du Luxembourg, et qui est non seulement remarquable pour la forme de ses folioles, mais aussi pour la position opposée de ses feuilles, exception singulière dans une famille où toutes les autres plantes ont ces organes alternes.

Les fleurs ont varié dans des limites plus considérables encore : leur forme, dans quelques cas, leur mode de groupement, leur grandeur, leur composition, les fonctions de leurs parties constituantes et surtout leur couleur ont subi un grand nombre de modifications.

Le fruit a, lui aussi, beaucoup varié de forme, de grosseur, de coloris, de qualité : nous en avons de nombreux exemples dans nos arbres fruitiers, dans les Cucurbitacées, etc.

Enfin la graine n'a pas échappé à la mutabilité, car elle a offert des variations notoires aussi bien dans son volume que dans sa couleur.

Comme on le voit, il semble que, par cela seul qu'une plante est cultivée, elle est forcée de varier. L'instabilité d'une plante cultivée est même tellement évidente dans certains cas qu'elle ne se manifeste pas seulement dans la *descendance directe de la plante,* mais encore sur la plante elle-même. Ainsi, tandis que la généralité des rameaux d'une plante porte des feuilles, des fleurs, des fruits de formes ou de couleurs déterminées, un rameau se produit parfois dont les feuilles, ou les fleurs, ou les fruits présentent des caractères complétement différents : le *Rosa cannabifolia* trouvé accidentellement sur un Rosier à feuilles alternes en est un exemple ; tel est aussi le cas qu'on a observé chez certains Chrysanthèmes qui portent à la fois des fleurs jaunes et des fleurs roses. On pourrait multiplier beaucoup ces exemples de polymorphisme, car ils sont fréquents chez les végétaux cultivés, et nous verrons que plusieurs de nos variations n'ont pas d'autre origine. Pour n'en ajouter qu'un, nous rappellerons certaines espèces d'*Aralia* à trois folioles, par exemple l'*A. trifoliata,* sur lequel on observe fréquemment des rameaux ne présentant plus que des feuilles simples ou de formes diverses et qui, bouturés ou greffés, se sont maintenus avec leur caractère. Les *Aralia heteromorpha, Hookeri, Cunninghamii, Cookii,* ne sont indubitablement que des formes développées accidentellement sur l'*Aralia trifoliata,* ou des individus trouvés dans les semis de ce dernier.

Nous reconnaissons donc que la culture a été et est encore la cause essentielle de la variation des végétaux et que par elle l'homme les a pour ainsi dire obligés à revêtir de nouvelles formes appropriées à ses besoins ou à ses caprices.

Les changements que la culture a fait produire aux végétaux, la domesticité, qui est une culture aussi, les a produits dans le règne animal ; c'est par elle en effet que tous nos animaux domestiques, ceux surtout qui ont suivi l'homme dans ses diverses migrations, ont subi des modifications profondes, dans leur forme, leur couleur, leur volume, etc.

Selon que l'esprit de synthèse ou d'analyse prédomine dans la pensée des hommes qui s'occupent de la délimitation des espèces, on voit le nombre de celles-ci diminuer ou grandir. De là deux écoles, dont l'une semble avoir pour mission de multiplier démesurément les espèces, tandis que l'autre, poussée par la tendance contraire, tend sans cesse à en restreindre le nombre.

Pour les premiers, il suffira qu'un individu présentant des différences, quelque minimes qu'elles soient, reproduise dans sâ descendance ce caractère pour qu'il appartienne à une espèce distincte.

Les seconds considéreront comme appartenant à la même espèce les séries, successions ou collections d'individus, qui présentent entre eux le plus grand nombre possible de traits communs, et ils n'accepteront comme espèces distinctes que les collections d'êtres séparées par des différences d'un ordre assez élevé et auxquelles ils donnent le nom de différences spécifiques.

La première de ces opinions, qui est celle d'un grand nombre de botanistes descripteurs, a, à notre sens, le grave inconvénient de multiplier dans des proportions exagérées le nombre des espèces et de ne pas tenir compte de ce qui se passe dans la pratique, puisque, d'après elle, on ne pourra faire autrement que de considérer comme *espèces* toutes les variétés cultivées ou sauvages qui sont fixées et qui se reproduisent par semis.

La deuxième, il est vrai, est vague et ne fournit pas toujours un criterium qui permette de reconnaître facilement si des individus qui présentent quelques traits communs appartiennent légitimement à la même espèce ; c'est cependant celle qui répond le mieux à notre pensée et que nous adoptons.

Aussi, quand nous parlerons d'une espèce, arrivera-t-il fréquemment que sous un seul nom se trouveront réunies un certain nombre de formes différentes, qu'elles aient été considérées comme variétés ou comme espèces distinctes par les personnes qui s'en sont occupées. Du reste, on le remarquera, nous serons souvent obligé, à cause de cette manière d'entendre l'espèce, d'appeler espèce ce que certains botanistes descripteurs auront appelé genre et de n'attribuer qu'une valeur de races ou variétés à ce qu'ils ont considéré comme espèces. Ce n'est en réalité qu'une différence de nom.

Nous venons de dire que ce que les uns considéraient comme espèce n'était qu'une race ou variété ; nous réservons ce nom de *race* à toute modification se reproduisant sans changement par la voie du semis; et puisque nous admettons que les races doivent se reproduire sans modifications, nous devons admettre aussi d'autres formes qui, tout en présentant ce caractère, sont cependant susceptibles d'offrir des déviations : à celles-là nous donnerons le nom de *variations*; et nous appellerons *lusus, jeu* toute modification qui ne se reproduit qu'accidentellement et qu'on ne peut espérer maintenir provisoirement que de boutures, greffes, marcottes, etc.

Si un individu, se reproduisant franchement par semis, appartenant par conséquent à une espèce ou à une race bien fixe, n'était jamais fécondé que par son propre pollen, la question qui nous occupe serait considérablement simplifiée; en effet, pour expliquer les modifications qu'il pourrait présenter dans sa descendance, nous aurions seulement à tenir compte soit de son idiosyncrasie, soit des circonstances extérieures dans lesquelles il vit et se perpétue. Mais il n'en est pas ainsi; il arrive que, d'une manière ou d'une autre, le pollen d'un individu est souvent transporté sur un autre; alors, selon que ce pollen appartient à un genre, à une espèce, à une race, ou à une variété différente, nous obtiendrons des résultats différents qu'il est nécessaire d'étudier au préalable; car, nous le verrons, il pourra y avoir production d'une série nouvelle d'individus participant aux caractères de l'un et de l'autre des parents, quelquefois même tenant plus de l'un que de l'autre, d'autres fois et en proportions identiques, les uns très-fertiles et pouvant se reproduire indéfiniment par le semis, les autres d'une fertilité passagère, momentanée ou d'une stérilité complète.

Examinons donc les résultats qu'on peut obtenir dans les différents cas qui peuvent se présenter; nous formulerons ensuite quelques règles auxquelles nous aurons parfois recours dans le développement de ce mémoire.

CHAPITRE Iᵉʳ.

DES EFFETS DE LA FÉCONDATION CROISÉE.

§ I. De la fécondation entre individus appartenant à deux genres différents.

Bien que plusieurs grands botanistes aient dit avoir obtenu, et qu'ils aient décrit ou signalé des plantes issues de fécondations opérées entre des genres souvent très-éloignés les uns des autres, on nous permettra de tenir ces faits en suspicion. Si, sans remonter à Camerarius, à Linné, à J. Gœrtner, à Knight, et à d'autres encore qui n'ont pas craint.d'annoncer ces faits comme certains, nous nous reportons seulement à quelques années de nous, nous verrons que les personnes qui semblent encore admettre l'opinion des botanistes que nous venons de citer, n'appuient leur thèse que sur des faits qui ne sont nullement concluants, et que les expériences entreprises au Muséum par M. Naudin démontrent de la manière la plus formelle l'impossibilité absolue d'obtenir un produit quelconque par le croisement opéré entre individus de genres distincts.

Ainsi il est généralement admis par les jardiniers et même par quelques botanistes que les Courges peuvent être fécondées par les Melons. Pour soutenir cette opinion, ils se fondent sur les mauvaises qualités qu'acquièrent parfois leurs Melons. L'erreur que renferme l'énonciation de ce fait a déjà été démontrée par Sageret (1), et les nombreuses expériences de M. Naudin ont constaté l'impossibilité absolue du croisement des Melons par les Courges, et *vice versa*.

Une question qui a vivement préoccupé les savants dans ces derniers temps et qui est bien loin d'être résolue, semblerait indiquer que le croisement entre individus de deux genres pourrait cependant avoir lieu. Nous faisons allusion à la question des *Ægilops*. Mais les expériences faites sur ce sujet sont loin d'être concluantes ; car, si la fécondation peut être ici parfaitement démontrée, ne pourrait-il pas se faire que les genres *Ægilops* et *Triticum*, si voisins déjà par plusieurs caractères, dussent, comme quelques botanistes l'ont déjà pensé (2), être réunis pour ne former qu'un seul et même genre?

On répète presque journellement dans le jardinage qu'on a obtenu des produits par les croisements de différentes espèces d'Azalées, notamment en croisant les *Azalea pontica* et *sinensis* avec différents *Rhododendron* ; mais on sait que ces deux genres ont tel-

---

(1) *Annales de la Soc. d'Hort. de Paris*, V, p. 164.
(2) Gren. et Godr., *Fl. de France*, vol. III.

lement d'affinité entre eux que plusieurs botanistes les ont depuis longtemps réunis.

Nous ne ferons que rappeler les tentatives infructueuses faites, en 1854, par M. Naudin pour féconder le *Petunia violacea* par des genres appartenant comme lui à la famille des Solanées. Ce fut sans aucun résultat qu'il tenta de féconder un nombre considérable de fleurs par le pollen des *Nicotiana auriculata, angustifolia, rustica, Langsdorfii, persica; Datura Stramonium,' fastuosa; Hyoscyamus niger; Salpiglossis sinuata; Nierembergia filicaulis.* Si quelques graines fertiles furent obtenues, elles ne le durent qu'à l'intervention du pollen des *Petunia violacea* et *nyctaginiflora* cultivés dans le voisinage, et les plantes qui en sortirent ne rappelèrent d'aucune façon les espèces précitées.

La même année, M. Naudin tenta encore de féconder huit fleurs de *Datura Stramonium* par le pollen du *Nicandra physalodes* et de l'*Hyoscyamus niger*. Les fleurs tombèrent sans que la fécondation eût pu s'opérer.

Le *Datura Tatula* se comporta de même après avoir reçu du pollen des *Nicotiana Tabacum* et *noctiflora.*

C'est vainement aussi que, de mon côté, j'essayai, en 1862, de féconder les fleurs de l'*Umbilicus chrysanthus* par le pollen d'un *Sempervivum* de la section Jovis BARBA, le *S. hirtum*, et cependant ces plantes ont des analogies très-grandes, quoique appartenant à deux genres différents.

Lorsque, il y a quelques années, un individu femelle de *Cycas revoluta* fleurit dans les serres du Muséum, on ne possédait pas de pollen de cette espèce. M. Houllet essaya néanmoins de féconder les fleurs avec du pollen conservé d'une plante appartenant à un genre voisin, le *Ceratozamia mexicana*. Les ovules, au lieu de sécher promptement, comme cela arrive lorsqu'ils ne sont pas fécondés, grossirent un peu sous l'action de cette opération; quelques-uns prirent même un développement aussi grand que dans la nature; mais lorsqu'on les examina, on reconnut qu'ils étaient entièrement stériles.

Il y a quelques faits qui, s'ils étaient bien démontrés, prouveraient que la fécondation peut être opérée entre espèces de genres distincts. Tel est le suivant, qui, dans cet ordre d'idées, nous semble présenter un certain intérêt et que nous allons emprunter à une lettre adressée, en novembre dernier, à M. Louis Neumann par M. Mac-Nab, jardinier en chef du jardin botanique d'Edimbourg. Après avoir émis cette opinion qu'un hybride vrai devait être le produit d'une fécondation entre deux genres différents, le célèbre et profond horticulteur anglais continuait ainsi : « Telle est cette plante si curieuse obtenue, il y a quelques années, par feu M. Cunningham, de l'établissement d'horticulture de Comelybank, entre le *Menziesia cœrulea* et le *Rhododendron chamæcistus* et à laquelle MM. Graham et Paxton donnèrent le nom de *Bryanthus erectus*, nom sous lequel elle est encore cultivée. Elle ne devrait pourtant point porter ce nom. J'ajoute que cette plante ne produit jamais de bonnes graines et qu'elle fut aussi obtenue par M. Isaac Anderson entre les mêmes plantes. »

Nous avouons que ce fait ne laissa pas d'éveiller notre attention. Le *Bryanthus erectus* est cultivé au Muséum, et nous devons dire que l'origine qu'on lui attribue ici nous sembla bien extraordinaire. Nous fîmes demander à M. Isaac Anderson quelques renseignements sur ce *Bryanthus*, et ce célèbre horticulteur répondit : ..

« Quant au *Bryanthus erectus*, je ne puis en revendiquer la production; il fut obtenu par M. James Cunningham, horticulteur de nos environs (Edimbourg), qui en tint la parenté cachée, parce qu'il avait souffert que le professeur Graham, à qui il l'avait soumis, le publiât comme le type d'un genre, chose qu'il regretta plus tard. En même temps qu'il me fit cet aveu, M. Cunningham me montra la plante en me demandant ce que j'en pensais ; comme j'avais déjà fait des essais entre des plantes que je considérais comme très-voisines (sinon les mêmes) de celles qui avaient dû servir à ce croisement, je hasardai de lui répondre que cette plante provenait du croisement entre le *Rhodothamnus Chamæcistus* (1) et le *Phyllodoce cœrulea* (2). Si M. Cunningham ne nia pas que je devinais juste, il ne voulut rien affirmer, étant déterminé à ne rien dire tant que le docteur Graham vivrait.

« . . . . Je dois vous dire que longtemps avant de connaître le

---

(1) *Rhododendron Chamæcistus.*
(2) *Menziesia cœrulea.*

Bryanthus erectus, avant même qu'il en fût question, j'avais opéré le croisement qui lui donna naissance, sans arriver cependant à aucun bon résultat; mais, en voyant la plante de M. Cunningham, j'acquis la conviction que j'étais dans la bonne voie, et que mes doutes sur son origine étaient bien fondés. Je recommençai encore une fois mes expériences; mais, au lieu de faire comme précédemment, de féconder le *Rhodothamnus* par le pollen du *Phyllodoce,* j'intervertis les rôles, et ce fut le *Phyllodoce* qui reçut le pollen du *Rhodothamnus.* Je réussis alors, et les graines que j'obtins de ce croisement furent semées au mois de juin 1850; le 10 septembre suivant, je possédais quatre plantes dans un état parfait de végétation et qui avaient tous les caractères du *Bryanthus erectus*; malheureusement, à ma grande douleur, elles devinrent la proie d'une Limace en maraude. Depuis je ne fis aucune tentative pour la reproduire. Mais j'étais persuadé d'avoir découvert le mystère de M. Cunningham. Il n'est donc pas douteux que le *Bryanthus erectus* n'est pas une plante importée; il est complétement stérile, et j'ai essayé vainement de le croiser avec d'autres plantes. »

C'est encore dans ce même ordre de faits que nous placerons le suivant que nous extrayons également de la lettre de M. Mac-Nab..... « Il y a quelques années, dit ce savant horticulteur, je réussis à obtenir des graines fertiles d'un croisement entre le *Kalmia latifolia* et le *Rhododendron Catawbiense;* les plantes issues de ces graines avaient une apparence chiffonnée; aucune d'elles ne vécut plus de 6 ans; chez plusieurs la moitié des feuilles semblait tenir du *Kalmia* et l'autre moitié du *Rhododendron Catawbiense.* »

Ainsi, si l'on ne peut nier d'une manière absolue que la fécondation entre deux genres différents, légitimes, ne puisse avoir lieu, on doit reconnaître qu'elle ne peut se produire que très-exceptionnellement, puisque, à l'exception peut-être de cette plante curieuse, le *Bryanthus erectus,* dont l'origine est tellement extraordinaire que, quoiqu'elle soit sanctionnée par des hommes habiles et dignes de foi, elle doit encore demeurer comme incertaine jusqu'à ce que des expériences plusieurs fois répétées l'aient démontrée d'une manière irréfragable; à l'exception encore de cette autre expérience tentée par M. Mac-Nab entre les *Kalmia latifolia* et le *Rhododendron Catawbiense,* à l'exception de ces deux faits, disons-nous,

nous n'en connaissons pas qui puisse appuyer ce que les anciens auteurs que nous avons cités plus haut ont dit à ce sujet.

Dans le cas où l'origine du *Bryanthus erectus* serait exacte, quelque chose frapperait tout d'abord, c'est la stérilité absolue de cet être considéré à tort comme espèce ; et dans l'expérience des *Kalmia latifolia* et *Rhododendron Catawbiense*, une autre chose est également frappante, c'est l'impossibilité manifeste qu'ont éprouvée les individus issus de ce croisement à pouvoir vivre plus de quelques années.

CONCLUSION.

Nous pouvons donc conclure que si la fécondation entre individus appartenant à des plantes différentes, comme nous le verrons plus loin, en nous occupant des causes qui peuvent déterminer les variations chez les végétaux, doit avoir une large part dans ces causes, la fécondation entre deux genres bien tranchés n'a pu et ne peut, par son impossibilité même, servir à la production ou formation des variétés dans les plantes d'ornement.

§ II. De la fécondation opérée entre deux espèces distinctes.

La fécondation entre individus d'espèces légitimes est assez rare. De ces croisements naît, si la fécondation a lieu, et si les graines sont fertiles, une variation qu'on est convenu d'appeler *hybride* ; mais alors ces variations sont ou d'une stérilité complète, ou d'une fertilité limitée à quelques générations, et disparaissent promptement, soit par leur retour à l'un ou à l'autre ou quelquefois à un seul des parents, soit par extinction de la fécondité. Ce sera seulement par boutures, greffes, marcottes qu'on pourra les propager.

La question de l'hybridité ressemble fort à celle de l'espèce, c'est-à-dire qu'à ce sujet les opinions ont été et sont encore très-partagées. Quelques personnes, les Anglais notamment, ne considèrent comme hybride que le produit du croisement entre individus de deux genres distincts : par exemple, en parlant du *Bryanthus erectus*, ainsi qu'on a pu le remarquer, MM. Mac-Nab et J. Anderson le citent comme un *vrai hybride ;* pour d'autres et avec plus de raison, l'hybride est le résultat de la fécondation entre individus de deux espèces ; pour d'autres enfin (et ils sont malheureusement très-nombreux en horticulture), l'hybride est le produit d'un croisement quelconque, opéré soit entre une espèce et sa variété, soit entre deux races ou variétés, soit même entre deux individus de la même espèce.

Pour nous l'hybride est le produit d'un croisement opéré entre individus d'espèces différentes. Cette définition, qui est celle des auteurs du *Manuel du jardinage*, est loin d'être purement théorique ; elle s'appuie, au contraire, sur de nombreuses expériences auxquelles s'est livré l'un des deux auteurs de ce livre. Nous considérerons encore comme hybride le produit du croisement, quand, par extraordinaire, il est possible entre individus de genres distincts ; tel est, par exemple, le *Bryanthus erectus*, et cela avec d'autant plus de raison qu'il présentera au plus haut degré l'un des caractères les plus essentiels de l'hybride : la *stérilité.*

Nous verrons dans le chapitre suivant, en nous appuyant sur des faits, que la plupart des plantes que les jardiniers désignent sous le nom d'hybrides ne sont, en réalité, que des êtres analogues à ceux qu'on obtient dans le règne animal par le croisement d'individus de deux races d'une même espèce, êtres qu'on est convenu .avec raison d'appeler *métis.*

D'après notre définition des hybrides et les caractères que nous leur avons assignés, ces produits, quoique plus nombreux chez les végétaux que chez les animaux, sont cependant comparativement rares ; il ne pouvait en être autrement, puisque la nature leur a refusé la faculté de se reproduire indéfiniment au moyen de leurs propres graines.

Anciennement, les botanistes avaient appliqué à plusieurs plantes qu'ils supposaient d'origine hybride les épithètes de *spuria, hybrida, notha ;* mais on sait que le plus souvent l'hybridation n'a joué aucun rôle dans leur formation.

Parmi les hybrides cultivés, nous ne pouvons en citer aucun avec certitude. Cependant le *Ribes Gordonianum* qu'on dit provenir d'un croisement entre les *Ribes palmatum* et *sanguineum* a tous les caractères d'un véritable hybride, car il tient à la fois de ces deux plantes et de plus, il est constamment stérile. M. Naudin essaya vainement de le féconder et nous-même n'obtînmes aucun succès dans cette opération.

Le *Cytisus Adami*, d'une stérilité complète, est, quoiqu'on n'en ait pas la preuve absolue, indubitablement un hybride des *Cytisus purpureus* et *Laburnum* dont il reproduit sur un seul individu tous les caractères extérieurs. Il en est de même des Orangers bizarreries qui sont moitié orange et moitié citron. C'est par disjonction que, dans ces deux derniers cas, les formes spécifiques reparaissent ainsi sur des plantes hybrides; et c'est, on le remarquera, chez les végétaux ligneux que ce fait se présente, c'est-à-dire sur des individus qui, persistant de longues années, doivent accomplir toutes les phases de l'existence d'une plante hybride, existence dont cette disjonction serait le dernier terme. Cependant M. Naudin l'a pu constater chez le *Datura Stramonio-lœvis*, dont les capsules étaient épineuses d'un côté et lisses de l'autre, offrant ainsi les deux types réunis sur la même capsule. Ici la disjonction s'était non-seulement opérée par ce caractère extérieur, mais encore par un autre d'une haute importance : c'est que les graines recueillies sur le côté lisse de la capsule n'ont reproduit que le *Datura lœvis*, tandis que celles qui ont été prises sur le côté épineux n'ont donné naissance qu'à des *Datura Stramonium*.

Il y a sans doute d'autres hybrides parmi nos plantes cultivées; mais on sait combien est grande l'incertitude qui règne dans cette grave question; aussi nous abstiendrons-nous d'en indiquer d'autres exemples. Nous rappellerons seulement quelques-unes des expériences de M. Naudin. Ces travaux, dont la scrupuleuse exactitude n'est pas sujette à discussion, nous fournissent matière à établir quelques lois qui nous serviront à indiquer, mieux qu'on ne l'a pu faire avant lui, le caractère des hybrides; et des résultats qui découleront de ces expériences, nous tirerons quelques conséquences relativement au rôle que l'hybridation est appelée à jouer dans la production des variations chez les végétaux.

1° De la fécondation hybride dans les espèces annuelles.

Ces croisements se manifestent parfois naturellement, et les pro-

duits auxquels ils donnent naissance sont ordinairement stériles.
Ainsi, en 1858, nous vîmes se former sous nos yeux, à l'école de botanique du Muséum, un hybride entre les *Digitalis lutea* L. var. *micrantha* et *purpurea*. Cet hybride était tout à fait intermédiaire entre
ses deux parents : son feuillage se rapprochait du *D. micrantha* plus
que du *D. purpurea* ; pour la grandeur, ses fleurs étaient intermédiaires entre les parents et leur coloration était légèrement teintée
de rose sur fond jaune, par conséquent aussi, elle tenait à la fois
des deux espèces qui l'avaient produite. En outre, cet hybride fut
complétement stérile et par la mauvaise conformation du pistil
et par l'organisation non moins défectueuse du pollen.

La science possède, du reste, un fait presque identique dans
celui qu'a si bien observé M. J.-S. Henslow et qu'il a publié en
1851 dans les *Transactions de la Société philosophique de Cam-
bridge*. Les parents de son hybride étaient les *Digitalis purpurea*
et *D. lutea,* et les seules différences que nous ayons trouvées entre
son observation et la nôtre tiennent à la différence de parenté.

En fécondant le *Nicotiana rustica* par le pollen du *N. californica,* M. Naudin obtint un hybride entièrement stérile. Même
résultat en fécondant le *Nicotiana glutinosa* par le *N. auriculata.*

Nous rappellerons aussi que, par le croisement des *Mirabilis Jalapa* et *longiflora,* M. Naudin obtint un unique individu très-fort,
vigoureux, et à peu près entièrement stérile, puisque la fécondation artificielle d'une soixantaine de fleurs (par son propre pollen,
il est vrai) n'amena qu'une seule graine.

Cependant, à l'égard des *Mirabilis,* nous devons rappeler comme
un fait qui a eu cours dans la science que M. A. Lepelletier a vu
se former sous ses yeux un hybride des *M. longiflora* et *Jalapa*
qu'il appela *M. hybrida* et qui, au rapport de Bosc, se repro-
duisait identiquement de semis (Bosc, in Deterville, 1809). Nous
n'avons jamais eu occasion de voir cette plante, et bien qu'elle soit
encore portée sur quelques catalogues, nous n'avons toujours obtenu, en en semant les graines, que des *Mirabilis longiflora* ou des
M. Jalapa aussi caractérisés que possible.

De ces quelques faits il ressort que les hybrides obtenus entre
individus à végétation monocarpique ne peuvent se perpétuer, et

cela par extinction des organes reproducteurs. Pourtant des expériences entreprises au Muséum par M. Naudin sur différentes plantes annuelles, notamment sur les *Petunia*, démontrent que les hybrides peuvent être quelquefois *fertiles*.

Ainsi, en 1854, M. Naudin recueillit des graines sur un pied de *Petunia* hybride entre les *P. violacea* et *nyctaginiflora*; ces graines furent semées en 1855. Sur 47 individus qui en naquirent, 19 présentèrent des fleurs blanches ou faiblement rosées, à gorge violacée et à pollen gris-bleu, dans lesquelles le tube de la corolle était encore évasé et comparativement court, comme il l'est dans le *P. violacea*; 1 individu avait les fleurs comparativement petites et était presque la reproduction de celui de l'hybride qui avait fourni les graines du semis. Les 27 autres pieds reproduisirent à peu près les 2 autres types : les *P. violacea* et *nyctaginiflora*.

Cette observation démontrait le peu de fixité de cet hybride, mais elle prouvait aussi qu'il n'était pas entièrement retourné à ses types. Les 20 plantes qui se rapprochaient le plus de l'hybride donnèrent un grand nombre de graines qui, semées en 1856, produisirent 116 plantes, sur lesquelles 12 répétaient à peu près les caractères du premier hybride.

M. Naudin s'est arrêté là dans cette expérience, mais il est probable que, s'il l'avait continuée en choisissant chaque année pour porte-graines les plantes qui reproduisaient le plus exactement possible la forme hybride premièrement obtenue, il aurait été possible, pendant une longue suite de générations, de reproduire cette forme intermédiaire, mais toujours accompagnée d'individus retournant plus ou moins complétement à l'un des parents, et cela jusqu'à ce que la disjonction des types spécifiques, devenant complète, eût entraîné le retour total aux parents.

Donc dans les plantes monocarpiques, nous le voyons, la fécondation hybride ne donne naissance qu'à des produits stériles ou qui, s'ils sont fertiles, présentent au plus haut degré l'instabilité des caractères de leur descendance. *Comme conséquence pratique, cette fécondation dans ces plantes pourra donner naissance à des variations, mais ne pourra servir à la création de races ni de variétés.*

2° De la fécondation hybride dans les espèces vivaces.

Comme dans les plantes annuelles ou bisannuelles dont nous venons de parler, dans les plantes vivaces les hybrides ne sont pas toujours stériles, contrairement à l'opinion qui est généralement admise de nos jours; la même instabilité se remarquera dès lors dans les produits; seulement ici, on le conçoit, il sera facile de les propager. Nous ne pouvons citer un meilleur exemple que les expériences de M. Naudin sur les *Linaria purpurea* et *vulgaris*.

En 1854, cet observateur féconda 6 fleurs de *L. vulgaris* par le pollen du *L. purpurea*; de ces 6 fleurs, 4 seulement donnèrent des graines qui, récoltées le 25 septembre et semées, les unes en novembre de la même année, les autres en avril suivant, donnèrent 30 plantes qui fleurirent toutes au mois d'août; 27 d'entre celles-ci n'étaient pas autre chose que le *L. vulgaris*, et les 3 autres, exactement intermédiaires entre les 2 types, présentaient des fleurs de moitié plus petites que celles du *L. vulgaris* et de couleur jaune pâle rayée de violet. La plupart de ces fleurs furent stériles; néanmoins quelques-unes donnèrent de bonnes graines qui, semées l'année suivante, ne levèrent point. De nouvelles graines recueillies en 1856, mais n'ayant été semées qu'en avril 1858, levèrent en si grande abondance que M. Naudin put en faire repiquer environ 400 pieds qui fleurirent tous à la fin de l'été.

Sur ces 400 pieds, 36 reproduisirent l'un des types, le *L. vulgaris*, avec cette seule différence que le palais en était un peu plus coloré en orangé; 44 pieds se trouvèrent assez semblables au 1er hybride de 1855; 22 pieds se rapprochèrent de l'autre type ou du *L. purpurea*; 1 pied unique reproduisit ce dernier, et le reste de la plantation représenta tous les degrés intermédiaires entre les premiers hybrides et la Linaire commune.

En choisissant et en semant ainsi les graines recueillies sur les individus les plus semblables à l'hybride primitivement obtenu, M. Naudin put avoir, pendant 6 générations, des individus qui rappelaient tout à fait cette forme intermédiaire. Dans chacun des semis il remarqua en outre, comme dans ses précédentes expériences, qu'un grand nombre avaient une tendance manifeste à retourner à l'un ou à l'autre des parents, et il put même obtenir à volonté ce retour complet vers l'un ou l'autre type en semant les graines recueillies sur les individus qui avaient une tendance à s'en rapprocher.

Faisons remarquer une particularité toujours constante dans les hybrides que nous venons de voir : c'est l'absence dans les produits de couleurs autres que celles ou une combinaison de celles des parents. Nous insistons sur ce caractère, parce que nous aurons occasion d'y revenir ; il nous servira à établir que jusqu'ici les faits prouvent que, par des fécondations hybrides, on n'obtiendra, dans quelque partie du végétal qu'elles se présentent, que des varia-tions de coloris limitées à ceux des parents. Nous avons du reste d'autres exemples d'hybrides authentiques qui nous semblent très-concluants à cet égard. Nous les trouvons spécialement dans le genre *Begonia*, dans lequel on a pratiqué des hybridations extrê-mement variées. En voici les exemples les plus saillants :

Les fécondations que M. Malet fils, jardinier en chef de M. le comte d'Haussonville, a entreprises, dans ces dernières années, entre différents *Begonia* nous semblent d'autant plus intéressantes à publier qu'elles ont été faites dans le but de produire des indi-vidus dont les caractères avaient été en quelque sorte prévus par cet expérimentateur.

Désirant obtenir des plantes qui offrissent par le feuillage quelque ressemblance avec les *Begonia Dregei, Rex,* et quelques autres, mais désirant surtout que ces plantes fussent plus rustiques que celles-

M. Malet choisit le *B. discolor* comme mère ; ses fleurs reçu-rent donc le pollen des *B. Dregei, Rex* et des *B. xanthina-Reichein-heimii, nivosa* et *Comtesse Théod. de Murat* ; ces trois dernières semblent être des variétés du *B. Rex.*

Les nombreuses graines obtenues de ces croisements produisi-rent des plantes dont l'aspect extérieur trahissait l'origine hy-bride. Chez toutes, l'influence paternelle était plus prononcée que celle de la mère. La somme de ressemblance aux pères existait dans la forme et la coloration des feuilles, la largeur des sépales, la longueur de l'ovaire et le développement plus considérable de l'aile supérieure de la capsule. Bien que ces caractères tinssent plus spécialement du côté paternel, on retrouvait néanmoins chez eux quelque chose qui indiquait l'influence maternelle, mais à un degré beaucoup moins prononcé. Les jeunes hybrides tenaient surtout de leur mère par leur robusticité, par leur tige qui est droite, simple chez les uns, ramifiée chez le plus grand nombre, et surtout par cette particularité très-remarquable de présenter des bulbilles à leur aisselle. Dans les hybrides obtenus en fécondant le *B. discolor* par le *B. Rex*, M. Malet constata que des bulbilles assez nombreuses (de 10 à 12) se développaient, non pas à l'aisselle des feuilles, mais sur la partie supérieure du pétiole, à l'endroit même où il est adhérent au limbe.

Tous ces hybrides furent complétement stériles. M. Malet essaya d'en féconder un grand nombre par leur propre pollen. Les ovaires grossirent notablement sous l'influence de cette opération; trois semaines ou un mois après, ils présentaient extérieurement tous les caractères d'un développement normal; mais on reconnaissait aisément à l'aspect des graines que la fécondation n'avait pas eu lieu, et que ces graines n'étaient pas aptes à germer.

Par la fécondation des *B. rubrovenia* et *xanthina*, M. E. Regel obtint un hybride bien conformé et dont tous les individus étaient à peu près identiques entre eux (1).

En croisant le *B. splendida* avec le *B. annulata*, M. Stange obtint des hybrides au nombre de plusieurs centaines, qui ne différaient entre eux que par de légères variations dans l'intensité de leurs couleurs; de plus, ils étaient exactement intermédiaires entre les deux parents (2).

En fécondant l'hybride des *Begonia rubrovenia* et *xanthina* par son propre pollen, M. E. Regel a obtenu quelques individus analogues à l'hybride et d'autres qui étaient retournés à l'un ou l'autre des parents (3).

Par la fécondation du *Begonia xanthino-marmorea* par son propre pollen, M. Stange a obtenu des individus en majeure partie semblables entre eux. Même résultat pour le *Begonia xanthino-gandavensis* fécondé par lui-même (4).

---

(1) *Journal de la Soc. d'hort. de Paris*, 1858, p. 442.
(2) *Journal de la Soc. d'hort. de Paris*, 1859, p. 295.
(3) *Loc. cit.*
(4) *Loc. cit.*

En fécondant le *Begonia rubrovenio xanthina* par l'un de ses parents, le *B. xanthina*, M. E. Regel constata que la plupart des individus étaient retournés au *B. xanthina* et qu'un petit nombre étaient restés intermédiaires entre eux (1).

De la fécondation du *Coccinia Schimpero-indica* par le *C. indica*, M. Naudin obtint le *Coccinia indica* aussi pur que possible.

En fécondant un hybride, le *Begonia xanthino-gandavensis* par le *B. splendida*, M. Stange a obtenu des individus intermédiaires entre les *B. xanthina* et *splendida*, mais montrant une tendance plus marquée vers ce dernier. Par leur coloration, les feuilles se rapportaient, en parties à peu près égales, aux *B. rubrovenia*, *xanthina* et *splendida* (2).

Le même observateur constata que le *Begonia xanthino-argentea* (*latemaculata*) fécondé par le *B. splendida*, avait produit des plantes identiques à celles dont il vient d'être question, avec cette seule différence que les teintes en étaient plus pâles (3).

En fécondant le *B. splendida* par le pollen du *B. xanthino-argentea*, M. Stange obtint des individus qui, par leurs fleurs et leur villosité, étaient identiques avec ceux qu'il avait obtenus en fécondant le *B. xanthino-argentea* par son propre pollen ; mais la coloration de leurs feuilles était notablement différente. A ce sujet, M Stange tire cette conséquence que ces hybrides doivent l'un de ces trois caractères : port, villosité et fleurs au père et les autres à la mère, mais que ces mêmes caractères se prononcent selon que l'un des parents a la prédominance sur l'autre (4).

Dans les *Begonia* nous trouvons un fait que nous ne citerons que incidemment, pour ne plus y revenir, et qu'ont souvent constaté ceux qui se sont occupés de fécondations hybrides : c'est qu'il n'est pas indifférent, pour le succès de l'opération, de choisir pour père l'une ou l'autre des espèces que l'on veut croiser. Dans les expériences de M. Stange, il n'y eut de graines produites entre les *B. splendida*, *xanthino-gandavensis*, *annulata* et *laciniata* qu'en por-

---

(1) *Loc. cit.*

(2) *Loc. cit.*

(3) *Loc. cit.*

(4) *Loc. cit.*

tant le pollen de ces deux derniers sur les *B. splendida* et *xanthino-gandavensis*. La fécondation en sens inverse, c'est-à-dire en prenant le pollen des *B. splendida* et *xanthino-gandavensis,* et en les portant sur les *B. annulata* et *laciniata,* n'amena aucun résultat.

3° *De la fécondation hybride dans les espèces ligneuses.*

Selon les horticulteurs·, l'hybridation a joué un rôle immense dans la production de la plupart des *Rhododendron* dits hybrides. Nous sommes loin de prétendre que cette cause soit tout à fait étrangère à cette production, mais il est peu évident pour nous qu'elle ait toute l'importance qu'on lui attribue. D'ailleurs ici, comme malheureusement dans toutes les questions de ce genre, il n'a pas été publié de·faits exactement et sévèrement observés. On · nous pardonnera donc de n'être pas tout à fait du même avis que nos confrères sur la réalité de ces prétendues hybridations. Néanmoins nous croyons que la fécondation entre les *Rhododendron arboreum* et *sinense* a donné naissance à une longue série d'hybrides, faciles à distinguer d'ailleurs en ce qu'ils sont stériles ; que leur feuillage,·quoique persistant, rappelle celui du père (*R. sinense*) et que la couleur de leurs fleurs est une combinaison de celle, des fleurs des deux parents, quoique dérivant plus manifestement de la couleur des fleurs du père, c'est-à-dire offrant des teintes jaunâtres, mordorées, etc.

4° *De la fécondation entre individus d'une espèce et sa variété, ou entre individus de deux races ou de deux variétés appartenant à la même espèce.*

De ces fécondations on obtient une série de variations, en général intermédiaires entre les parents, plus ou moins fixes selon que les parents l'étaient eux-mêmes, mais dont la fertilité sera illimitée sans retour obligé à l'un des parents.

Nous désignons, avec MM. Decaisne, Naudin et L. Vilmorin, les produits de ces divers croisements par le nom de *métis.* C'est pour avoir généralement méconnu cette distinction, que les jardiniers ont presque toujours appliqué la dénomination d'hybrides à des produits qui ne sont en réalité que de purs métis. Qu'on parcoure en effet les catalogues des horticulteurs, et l'on y trouvera de nombreuses plantes indiquées à tort comme hybrides ; comment en serait-il autrement quand l'ouvrage horticole le plus répandu, celui qui se trouve entre les mains de tout le monde, suit les mêmes errements ?

Les exemples que nous pourrions citer à l'appui de l'idée que nous venons d'émettre seraient trop nombreux pour être consignés ici ; nous nous contenterons d'en indiquer quelques-uns.

Parmi les variations les plus bizarres obtenues dans ces derniers temps par MM. Vilmorin, nous citerons en première ligne celle qui a été produite par les *Leptosiphon androsaceus* et *luteus*, dont l'un de nos plus zélés écrivains horticoles, et en même temps l'un de ceux qui ont cependant le mieux étudié la question de l'hybridité, a fait connaître l'histoire : variations pures et simples, comme nous nous proposons de le démontrer et que M. Groenland est allé jusqu'à considérer comme de vrais hybrides.

Rappelons l'histoire de ces prétendus mulets.

Le *Leptosiphon luteus* STEUD., les variétés lilas et blanches du *L. androsaceus*, le *L. aureus* nouvellement introduit dans les cultures, et enfin le *L. densiflorus* et sa variété blanche, étaient cultivés non loin les uns des autres ; nous ne mentionnons ce dernier que pour bien préciser les faits, car il n'a servi en quoi que ce soit à la formation des prétendus hybrides.

L'année suivante, les semences du *L. androsaceus* et sa variété, ainsi que celles des *L. aureus* et *luteus*, donnèrent naissance en, même temps qu'aux *Leptosiphon* précités, à des produits dans lesquels la couleur des fleurs tenait à la fois des *L. aureus* et *androsaceus* lilas. Ces variations, qui s'étaient présentées sur un grand nombre d'individus, furent cultivées isolément ; elles fleurirent et fructifièrent abondamment ; leurs graines récoltées avec soin furent semées de nouveau et reproduisirent la forme intermédiaire, dans la proportion d'environ 60 0/0 ; le reste était rentré dans les types précités. Les couleurs des fleurs, chez ces plantes, étaient si diverses qu'il était difficile à l'œil le plus exercé de rencontrer deux pieds dont les fleurs se ressemblassent. A la troisième génération, les graines recueillies sur les formes intermédiaires reproduisirent presque toutes ces formes, et, malgré la sélection rigoureuse qui avait été pratiquée, une dizaine de pieds conservèrent seuls le caractère des types. On remarqua même, dans ce semis, quelques individus qui présentaient des fleurs de couleur feu ou acajou, tranchant très-agréablement sur les autres, dont les nuances étaient un peu ternes. Les pieds issus de ces graines furent cultivés à part et ne reproduisirent pas identiquement cette variation, mais donnèrent des plantes dont les couleurs étaient néanmoins un peu plus vives que celles des formes primitivement obtenues. Nous ne doutons pas que les efforts auxquels se livrent MM. Vilmorin, pour la fixation de cette variété, ne soient couronnés de succès. Telle est l'histoire des *Leptosiphon* hybrides qui ont été décrits comme tels, et figurés dans la *Revue horticole* de 1862.

Examinons donc quels ont pu être les parents de cette race nouvelle, que M. Groeland appelle hybride. Le *Leptosiphon densiflorus* et sa variété doivent être de prime abord écartés, les *L.* hybrides ne présentant aucun des traits qui les caractérisent; restent donc les *L. androsaceus, aureus* et *luteus*. Mais le *L. luteus*, bien qu'il ait été décrit dans le *Prodromus* comme distinct, ne diffère *absolument* du *L. androsaceus* que par la couleur de ses fleurs ; or si le *L. androsaceus* a pu varier à fleurs blanches et à fleurs lilas, il n'y a rien qui s'oppose à ce qu'on admette qu'il a pu varier à fleurs jaunes. Ce qui confirme encore cette manière de voir, c'est que, sauf la couleur des fleurs, les descriptions de M. Bentham s'appliquent exactement à l'une ou à l'autre espèce. Quant au *L. aureus*, il ne constitue évidemment qu'une variété d'intensité de coloris du *L. luteus*. Si donc, ce qui est extrêmement probable vu la nuance obtenue, les *L. aureus* et *luteus* ont reçu le pollen du *L. androsaceus* lilas, c'est par le pollen non d'une espèce différente, mais d'une variété de la même espèce qu'ils ont été fécondés.

Les *Leptosiphon* obtenus ne sont donc pas des hybrides, mais des métis, et ce qui le démontre encore c'est leur fertilité.

Les Pivoines de la Chine sont encore considérées comme des hybrides, et cependant il est hors de doute que cette appellation est erronée et ne repose sur aucun fait précis. Pour qu'il y ait hybridation, il faut des espèces différentes ; or, bien que le *Bon Jardinier* de 1862 décrive encore séparément et dans des sections différentes les *Pæonia sinensis* et *fragrans*, qui seraient sans doute les types de nos prétendues Pivoines de Chine hybrides, il est évident que ces plantes doivent être rapportées au *Pæonia albiflora* (*edulis*). Nous aurions ainsi un groupe spécifique caractérisé entre outes les Pivoines herbacées par la tige pluriflore, de même port, même feuillage, et présentant dans les coloris les nuances qui se retrouvent chez le *P. albiflora* lui-même. Quant aux caractères de la villosité et de la glabrescence des carpelles, on ne peut leur attribuer aucune valeur.

Parmi les plantes qui embellissent nos parterres, nous trouverions encore un grand nombre de faits analogues à citer : les *Phlox*, les *Iris*, les *Canna*, les Glaïeuls en sont les plus manifestes. Quelles plantes plus que les Glaïeuls sont généralement désignées sous le nom d'hybrides? Aucune peut-être, et pourtant qu'y a-t-il de moins prouvé que ces faits d'hybridité? Pour nous, l'hybridation n'a dû jouer qu'un rôle très-restreint dans la production de nos nombreux Glaïeuls ; s'il en existe de réellement hybrides, ils sont toujours stériles ; mais la généralité d'entre eux n'a pas d'autre origine que celle que nous avons indiquée pour les *Leptosiphon* hybrides et pour les Pivoines de Chine; il en est absolument de même pour les *Phlox*, les *Iris*, les *Canna*.

En multipliant davantage ces faits, nous ne ferions qu'allonger inutilement ce chapitre. Nous espérons que ceux que nous avons énumérés suffiront pour démontrer que la plupart des végétaux cultivés dans les jardins, auxquels on a donné et on donne encore l'appellation d'hybrides, et spécialement ceux qui se reproduisent de graines, ne sont en réalité que des métis ou de simples variétés.

Arrivés ici, nous avons examiné la fécondation au point de vue des produits qu'elle pouvait faire naître, selon qu'elle était pratiquée entre genres, espèces, races ou variétés. Cet examen était nécessaire et il nous permet de formuler d'une manière générale les règles suivantes :

1° La fécondation entre deux genres est généralement impossible, et à l'exception de un ou deux faits, dont l'exactitude a encore besoin d'être sanctionnée par de nouvelles expériences, nous n'en connaissons aucun de certain.

2° La fécondation entre deux espèces est possible, mais elle est comparativement rare ; elle donne naissance à des produits qu'on est convenu d'appeler *hybrides ;* ceux-ci sont exceptionnellement stériles, le plus souvent fertiles, et par conséquent capables de se reproduire ; mais leur fertilité est de courte durée par le retour plus ou moins rapide de leurs produits aux types qui leur ont donné naissance. Tous leurs caractères, de quelque nature qu'ils soient, à l'exception d'un développement plus considérable dans les organes de la végétation, sont en général intermédiaires entre ceux des parents, *mais toujours limités par eux.*

3° La fécondation entre une espèce et ses variétés, ou entre des races ou variétés d'une même espèce, est très-fréquente et donne de nombreux produits qu'on nomme *métis* ou *variétés,* et ces produits plus ou moins fixés sont doués au plus haut degré de la fertilité et peuvent devenir la source de races nouvelles.

Ces conclusions ne sont pas les seules que nous puissions tirer des faits que nous avons signalés, et il en est d'autres non moins importantes qui, on l'a déjà deviné, vont servir à formuler une définition de l'espèce.

L'espèce, dirons-nous avec MM. Decaisne et Naudin, *est la collection de tous les individus qui se ressemblent les uns aux autres autant qu'ils ressemblent à leurs parents ou à leur postérité.*

Si maintenant, avec les mêmes auteurs, nous ajoutons que le caractère essentiel de l'espèce est moins peut-être dans la ressemblance des individus qui la composent que dans l'impossibilité où elle se trouve de donner, par son croisement avec une autre espèce, une série d'êtres capables de se perpétuer indéfiniment de semis, nous aurons la définition, un peu longue peut-être, mais la plus exacte possible de l'espèce.

Comme on le voit, l'expérience et la culture sont le *criterium* le plus certain qu'on puisse invoquer dans cette question si importante de l'espèce. Nous savons que cette manière de voir ne sera pas goûtée d'un certain nombre de personnes ; mais lorsqu'on voit combien sont considérables les variations que peut revêtir une plante, on ne peut excuser le botaniste descripteur qui crée des espèces dans le silence de son cabinet.

Nous aurions encore beaucoup à dire sur la fécondation : nous y reviendrons toutes les fois que son action aura été ou sera nécessaire pour la production des différentes variations que présenteront les végétaux que nous aurons à passer en revue.

CHAPITRE II.

DE LA CRÉATION ET DE LA FIXATION DES VARIÉTÉS.

Pour faire une variété deux choses sont à considérer : 1° la *Création* d'un individu différent d'un type par quelques caractères; 2° la *Fixation* ou reproduction de cette modification par l'un des moyens connus.

Voici quelles étaient à ce sujet les idées de l'un des hommes qui se sont le plus occupés en France de la création et de la fixation des races de végétaux, M. L. Vilmorin, de regrettable mémoire. Nous les reproduisons avec d'autant plus de raison que nous partageons entièrement son opinion.

« Si nous considérons une graine, dit M. Vilmorin, au moment où, mise en terre, elle va donner naissance à un nouvel individu, nous pouvons la regarder comme sollicitée, quant aux caractères que devra présenter la plante qui doit en naître, par deux forces distinctes et opposées.

« Ces deux forces qui agissent en sens contraire, et de l'équilibre desquelles résulte la fixité de l'espèce, peuvent être considérées ainsi qu'il suit :

» La 1re ou force. centripète est le résultat de la loi *de ressemblance des enfants aux pères* ou *atavisme;* son action a pour résultat de maintenir dans les limites de variation assignées à l'espèce, les écarts produits par la force opposée.

» Celle-ci ou force centrifuge, résultant de la loi *des différences individuelles,* ou de l'*idiosyncrasie,* fait que chacun des individus composant une espèce, bien qu'on puisse la considérer comme formée de la descendance d'un individu (ou d'un couple) unique, présente des différences qui constituent sa physionomie propre et produisent cette variété *infinie dans l'unité* qui caractérise les œuvres du Créateur.

» Nous venons d'abord, pour plus de simplicité, de considérer l'atavisme comme constituant une force unique; mais si l'on y réfléchit, on verra qu'il présente plutôt un faisceau de forces agissant à peu près dans le même sens, et qui se composent de l'appel ou de l'attraction individuelle de tous les ancêtres. Or, pour faciliter l'intelligence de l'action de cette force, il nous faudra considérer d'abord et d'une manière abstraite la force de ressemblance à la masse des ancêtres, qui pourra être considérée comme l'attraction du type de l'espèce, et à laquelle nous réservons le nom d'atavisme; puis, séparément et d'une manière plus spéciale, l'attraction ou la force de ressemblance au père direct, ou *Hérédité*, qui, moins puissante, mais plus prochaine, tendra à perpétuer dans l'enfant les caractères propres du parent immédiat.

» Tant que le père ne s'est pas éloigné d'une manière sensible du type de l'espèce, ces deux forces agissent parallèlement et se confondent, et les variations qui peuvent survenir, dans ce cas, par l'effet de la loi d'idiosyncrasie, peuvent se présenter indifféremment dans toutes les directions sans en affecter plus particulièrement aucune.

» Il n'en est plus de même quand le père direct s'est éloigné notablement du type : la force de ressemblance directe se combinant alors avec celle de variation individuelle, il en résulte un excès de déviation dans le sens de la résultante de ces deux forces, ou, si on l'aime mieux, les variations nouvelles rayonnent alors, non plus autour du type comme centre, mais autour d'un point placé sur la ligne qui sépare le type de la première déviation obtenue.

» Abandonnées à la nature, les variations individuelles périssent presque toujours dans la masse surabondante d'individus qu'elle sacrifie sans cesse. De là la fixité des espèces naturelles. Mais, recueillies par l'homme, ces variations sont protégées; leur descendance se multiplie; obéissant alors aux lois plus complexes qui les régissent, elles produisent ces modifications nombreuses qu'il a su fixer pour son usage. C'est alors aussi que l'influence de l'homme, en choisissant exclusivement, pour en multiplier la descendance, les individus modifiés, vient contre-balancer, par des effets constants, la force constante aussi de l'atavisme, et arrive à *affranchir* ou fixer les races modifiées.

» D'après les considérations qui précèdent, on voit que l'un des points qu'on doit considérer comme des plus essentiels consiste à lutter le plus efficacement possible contre la force que je viens de désigner par le nom d'*atavisme*. Or, cette force, moins directe en quelque sorte que celle de la ressemblance au parent immédiat, agit peut-être avec plus de persistance. Si une nouvelle comparaison, empruntée aux lois de la mécanique, m'était aussi permise, je dirais qu'elle doit à son origine éloignée de ne décroître que d'une manière presque insensible pendant le petit nombre de générations sur lesquelles l'homme peut exercer son influence ; tandis que la décroissance de l'autre force (celle de la ressemblance au père direct) marche en progression géométrique. J'ai donc été amené à me faire, au sujet de la marche à suivre dans le cas où l'on veut obtenir des variétés d'une plante non encore modifiée, une théorie que je ne présente toutefois ici qu'avec une extrême réserve.

» Pour obtenir, d'une plante non encore modifiée, des variétés d'un ordre déterminé à l'avance, je m'attacherai d'abord à la faire varier dans une direction quelconque, en choisissant pour reproducteur, non pas celle des variétés accidentelles qui se rapprocherait le plus de la forme que je me suis proposé d'obtenir, mais simplement celle qui différerait le plus du type. A la deuxième génération, le même soin me ferait choisir une déviation, la plus grande possible d'abord, la plus différente ensuite de celle que j'aurai choisie en premier lieu. En suivant cette marche pendant quelques générations, il doit en résulter nécessairement, dans les produits obtenus, une tendance extrême à varier ; il en résulte encore, et c'est là le point principal, selon moi, que la force de l'atavisme, s'exerçant au travers d'influences très-divergentes, aura perdu une grande partie de sa puissance, ou, si l'on ose employer cette comparaison, elle le fera sur une ligne brisée.

» C'est après avoir atteint ce résultat que j'appellerai, si l'on me permet ce mot, *affoler* la plante, que l'on devra commencer à rechercher les variations qui se rapprocheront de la forme que l'on s'est proposé d'obtenir, recherche qui sera facilitée par l'accroissement énorme de l'amplitude de variation que la marche précédente aura produite. On devra alors éviter, avec le même soin qu'on les a recherchés d'abord, les écarts qui pourraient se présenter, afin de donner à la race que nous nous appliquons à former une *constance d'habitude* qui sera d'autant plus facile à obtenir que l'atavisme, cette cause incessante de destruction des races de création humaine, aura été affaibli par les chaînons intermédiaires au travers desquels on l'aura forcé à exercer son influence.

» On voit donc qu'il y a pour nous, dans la recherche des variétés, deux phases bien distinctes et pendant lesquelles la marche à suivre est directement opposée. Jusqu'à présent, la première a été complétement abandonnée à ce que l'on appelait les jeux de la nature, et le soin des horticulteurs s'est borné à propager et à fixer les variations accidentelles. Peut-être paraîtra-t-il prématuré d'avancer ici que cette première phase peut, tout aussi bien que l'autre, être soumise à l'influence de l'homme. Cependant, les faits qui m'ont conduit à cette opinion sont maintenant assez nombreux pour que j'aie l'espérance fondée de pouvoir, assez prochainement, montrer des exemples de l'application de cette méthode. »

Après le travail que nous venons de reproduire, nous avons peu d'idées nouvelles à apporter dans la question. Cependant il nous reste à examiner sous quelle influence se produisent les variations individuelles sur lesquelles nous avons à agir ; question que M. L. Vilmorin a laissée de côté pour ne s'occuper spécialement que des moyens de développer dans un sens déterminé et de fixer ces variations. Bien que nous devions étudier plus spécialement chacune d'elles, lorsque nous passerons en revue les diverses variétés de nos cultures, nous croyons bon de les indiquer ici d'une manière générale.

Si nous comparons une espèce dans son état spontané à la même espèce cultivée, c'est-à-dire transportée le plus souvent dans des conditions de climat, de sol, etc., complétement différentes de celles où elle vivait auparavant, nous serons frappés de voir que, dans nos jardins, cette dernière présentera des déviations du type beaucoup plus nombreuses qu'à l'état sauvage. Nous tirerons de ce fait cette conséquence que la faculté de varier qui est propre à la plante augmente avec la culture. Si nous remarquons ensuite que les plantes cultivées dans nos jardins, qui ont le plus varié, comme par exemple les Dahlias, les Roses, les Camellias, les *Rhododendron*, les Pommes de terre, etc., etc., ne sont pas empruntées pour la plupart à notre flore, ni à des flores voisines, mais au contraire proviennent de contrées lointaines où elles croissent dans des conditions souvent absolument différentes de celles où nous les cultivons, nous conclurons que plus une espèce sera dépaysée, plus elle variera facilement. Si nous considérons enfin que plus une plante est reproduite pendant un grand nombre de générations par le semis, plus elle varie dans ses caractères, nous serons amenés à conclure aussi que la possibilité de la variation augmente en raison directe de la répétition des semis.

Donc pour nous :

La culture,

La diversité des conditions d'existence,

Et *le semis répété,*

sont aptes, par eux seuls, à apporter dans l'habitude du végétal un certain trouble qui se traduit par la variation.

Les *modes spéciaux de culture* devront aussi nous arrêter, et en étudiant le nanisme, nous démontrerons la réalité de leur importance.

Nous aurons peu occasion de nous arrêter sur l'*influence des graines*, selon qu'elles seront plus ou moins récemment récoltées, ou qu'elles auront été recueillies sur des parties différentes de la plante, ou que, sur un même porte-graines, leur apparition et leur maturation auront été plus ou moins tardives.

Jusqu'ici on a peu étudié le mode d'action de ces circonstances dans la floriculture, bien que la culture maraîchère et la grande culture semblent en avoir tiré quelque profit.

Quant aux *fécondations croisées*, aux exemples que nous avons déjà cités dans les pages qui précèdent, nous aurons occasion d'en ajouter quelques-uns.

Pour n'avoir pas à revenir sur les lois générales de la conservation des variations, soit qu'on veuille seulement les propager, ce à quoi l'on arrive en répétant l'individu par les moyens de multiplication ordinaires, soit qu'on cherche à les fixer, c'est-à-dire à les amener à se reproduire franchement de semis, nous allons encore résumer en quelques mots notre manière de voir sur ce point.

Une variation étant produite, pour la conserver et la propager, nous avons toujours à notre service les ressources que la pratique a mises à notre disposition : telles que les boutures, les greffes, les marcottes, etc. *Mais ce n'est pas là fixer une variété*, et nous n'emploierons ces moyens que si la variation est stérile, ou si ses graines ne reproduisent que le type. Mais supposons que nous ayons affaire à une plante fertile et voyons les divers cas qui se présenteront.

Si la variation s'est produite dans un sens autre que celui vers lequel on tend, elle ne doit pas être abandonnée pour cela : on aura plus de chance, en semant une déviation du type, même dans une direction diamétralement opposée, d'obtenir de nouvelles déviations qu'en semant de nouveau le type lui-même. Dans la déviation il y a déjà tendance à l'affolement et commencement de destruction de l'atavisme.

Si deux variations se sont produites, dont l'une diffère peu du type, mais est placée sur la ligne qui mène à la variation désirée, et que l'autre soit placée dans une direction opposée, mais s'écartant considérablement du type, nous ne négligerons pas cependant de suivre cette dernière, parce que chez elle l'ébranlement de l'atavisme est plus avancé.

En choisissant nos porte-graines d'après ces règles, souvent du premier coup nous avons obtenu une variation que nous voulons maintenir; il nous reste à combattre et à détruire la tendance à l'affolement à laquelle nous poussions auparavant, et à chercher à développer dans la variation un tempérament spécial qui l'empêche de céder et à l'atavisme et à l'affolement. La *Sélection,* que nous avons déjà pratiquée, devra être répétée jusqu'à ce que toutes les graines obtenues ne produisent plus que des individus semblables, sans mélange d'autre déviation. Mais, pour obtenir ce résultat, il aura fallu aussi joindre à la sélection l'*Isolement,* c'est-à-dire soustraire les porte-graines au métissage par le pollen des individus de la même espèce qui l'entourent. Cette précaution sera le plus souvent d'une haute importance, car nous avons déjà cité des faits qui prouvent combien est facile cette fécondation croisée dans certaines espèces.

Telles sont les règles desquelles le floriculteur intelligent ne devra pas se départir. Ajoutons cependant que la sélection, telle que nous l'avons indiquée, a le grave défaut de ne s'appuyer que sur des caractères extérieurs, les seuls malheureusement qui soient appréciables. Les observations de M. Vilmorin démontrent que des plantes parfaitement semblables entre elles, obtenues d'un même parent fécondé par lui-même, présentent parfois des aptitudes différentes à reproduire ce parent. Les graines d'un certain nombre de pieds de la Balsamine Camellia ponctuée de cramoisi, qui s'était montrée accidentellement dans un semis de B. Camellia ponctuée de violet, furent récoltées et semées séparément; ces Balsamines présentaient toutes, au plus haut degré, l'ensemble des caractères que M. Vilmorin voulait fixer, et cependant la semence d'un certain nombre d'entre elles ne donna qu'un mélange avec la variété ponctuée de violet d'où elle était originairement sortie; tandis que les autres reproduisirent uniquement et nettement leur parent, non-seulement par elles-mêmes, mais encore dans leur descendance. Même fait s'est présenté pour le *Tagetes* Rose d'Inde double, que M. Vilmorin n'arriva à avoir constamment double qu'en semant séparément les graines d'individus choisis et en ne continuant que ceux qui avaient produit uniquement des fleurs doubles. Sur 6 plantes, 2 seulement avaient reproduit sans mélange leur parent. C'est en pratiquant la même méthode que MM. Vilmorin sont arrivés et arrivent encore à fixer la plupart de leurs variétés.

Nous devons donc reconnaître qu'il faut tenir compte, pour le choix des porte-graines, non seulement des caractères extérieurs, mais encore de l'idiosyncrasie de chacun d'eux. Or, celle-ci ne se manifestant que par ses effets, nous devrons, si une variation semble présenter quelques difficultés à se fixer, examiner séparément les produits de chaque porte-graines, et faire porter notre choix sur ceux qui présentent au degré le moins prononcé l'atavisme ou tendance à retourner au type primitif.

CHAPITRE III.

DES VARIATIONS OBSERVÉES CHEZ LES VÉGÉTAUX.

Examinons les modifications qui se présentent le plus habituellement dans les végétaux cultivés, et lorsque nous traiterons séparément de chacune de ces variations, nous indiquerons les causes sous l'action desquelles elles ont pu ou pourraient se produire.

Ces variations sont, comme on le sait, extrêmement nombreuses ; pourtant toutes peuvent se grouper dans les suivantes :

1. Des variétés par diminution de taille ; Nanisme.
2. Des variétés par augmentation de taille ; Géantisme.
3. Des variétés de robusticité.
4. Des variétés grandiflores.
5. Des variétés de précocité.
6. Des variétés de tardiveté.
7. Des variétés odorantes.

8. Des variétés de coloration complète ou partielle dans . . .
- les tiges.
- les feuilles.
- les fleurs.... { Panachures. / Ponctuations.
- les fruits.
- les graines.

9. Des variétés sans coloration ou Albinisme. . . . . { partiel..... Panachures. / complet... Chlorose.

10. Des variétés par dédoublement ou par transformation de l'androcée et du gynécée. { Fleurs doubles. / Fleurs pleines.

11. Des variétés prolifères.
12. Des variétés par soudure.
13. Des variétés par avortement.
14. Des variétés péloriées.
15. Des Chloranthies.

<table>
<tr><td rowspan="10">16. Polymorphisme compre-
nant les variétés</td><td rowspan="5">à tiges.</td><td>inermes.</td></tr>
<tr><td>épineuses.</td></tr>
<tr><td>fastigiées.</td></tr>
<tr><td>filiformes.</td></tr>
<tr><td>pleureuses, etc.</td></tr>
<tr><td rowspan="4">à feuilles.</td><td>crispées.</td></tr>
<tr><td>fasciées.</td></tr>
<tr><td>bullées.</td></tr>
<tr><td>laciniées, etc., etc.</td></tr>
</table>

§ I. — Des variétés par diminution de taille ou du Nanisme.

Le Nanisme est l'une des variations les plus fréquentes qu'on observe dans le règne végétal; mais dans ce règne, comme du reste dans le règne animal, nous ne pouvons la considérer comme un état languissant de l'être qui la revêt. Au contraire, toutes ces races naines possèdent au plus haut degré la faculté de se reproduire, et nous ne connaissons qu'un exemple du contraire ; c'est le suivant. Autrefois MM. Vilmorin possédaient une variété naine d'*Ageratum cœruleum*, qui fleurissait abondamment, mais qui ne produisait que peu ou point de graines (1), de sorte que la multiplication s'en opérait de boutures et qu'on dut l'abandonner. Mais, ainsi que nous l'avons dit, la production des variations étant en raison directe du nombre des semis, quelques années après l'apparition de cette race naine et stérile d'*Ageratum cœruleum*, MM. Vilmorin en obtinrent une autre qui était très-fertile et qu'ils fixèrent.

La fréquence du nanisme est plus grande chez les végétaux cultivés que chez les plantes sauvages. Il est en effet peu de plantes depuis longtemps soumises à la culture qui n'aient produit une ou quelquefois plusieurs variétés naines. Aussi sera-t-il inutile d'en citer un grand nombre d'exemples; on en rencontre même jusque dans les plantes qui, par leurs rameaux volubles, semblent ce-

___

(1) Cette variété est encore cultivée dans quelques établissements pour l'ornement des appartements.

pendant s'éloigner de la tendance à cette variation. Les Haricots nous la présentent fréquemment ; mais, pour ne pas faire appel aux variétés potagères qui sont cultivées depuis un si grand nombre d'années qu'il est pour ainsi dire impossible de savoir si ce sont les variétés naines qui ont donné naissance aux variétés grimpantes ou si ce sont ces dernières qui ont produit les formes naines, nous prendrons pour exemple l'espèce d'ornement, le *Phaseolus multiflorus*. Dans le 35ᵉ vol. des *Ann. de la soc. d'Hort. de Paris*, M. Jacques dit avoir semé des graines d'un Haricot d'Espagne supposé hybride, et que les individus qui en naquirent furent extrêmement variés, non-seulement sous le rapport de la coloration des fleurs, mais encore sous ceux du port et de la taille. A l'égard de ce dernier caractère, M. Jacques put même classer ces individus en deux séries : en *nains* et en *grimpants*. Dans la *Revue horticole*, année 1846, M. Pépin dit avoir semé des graines de ce Haricot, que M. Jacques avait déposées sur le bureau de la Société, le 17 avril 1844, et que ce semis produisit également des variétés naines et des variétés grimpantes.

Nous savons que cet exemple ne peut être regardé comme concluant et que quelques personnes croiront que cette variabilité extrême est le résultat d'un croisement, comme l'a supposé M. Jacques. Nous ne pensons pas que la fécondation (si difficile à pratiquer dans les plantes de cette famille) ait joué un rôle dans la production de ces variations. Nous n'y voyons qu'un de ces écarts considérables, qui ne s'obtiennent le plus souvent qu'après une culture longtemps pratiquée, se montrant tout à coup et d'un seul jet.

Mais si l'exemple précédent laissait encore quelques doutes sur la production des formes naines chez les plantes grimpantes, nous en trouverions la confirmation dans celui qui nous est offert par le *Lablab vulgaris*, dont les tiges s'élèvent jusqu'à 3 mètres, et qui a produit une variété qui n'excède jamais 80 c. de hauteur.

Plusieurs auteurs, notamment Lamarck et Linné, ont remarqué que les terrains peu nutritifs, tels que les sols siliceux, et les expositions sèches et arides, prédisposaient au nanisme ; cela peut être vrai pour les individus d'une espèce que la nature a placés dans ces conditions. Nous disons *pour les individus*, car on sait que, transportés dans des conditions plus favorables à leur végétation, ces nains ne tardent pas à prendre leur développement normal. Mais, à supposer même que des races naines se créent spontanément de cette façon, nous ne pourrions admettre l'influeuce des mêmes causes dans la production des races naines de nos jardins qui se montrent dans des conditions diamétralement opposées : dans des terres riches, substantielles et fraîches.

L'altitude a été considérée aussi comme l'une des causes qui prédisposent au nanisme. Chacun sait que les plantes des régions très-élevées, celles surtout qui croissent sur les rochers, sont comparativement plus petites que les mêmes espèces croissant dans les prairies ou les pâturages situés à des limites plus basses. Ce fait n'est cependant pas général, car nous connaissons des plantes qui croissent à une altitude de plus de 2000 mètres, et qui ne présentent pourtant aucune différence sensible dans leur taille avec la même espèce croissant au-dessous de 100 mètres d'altitude : tels sont par exemple les *Linaria alpina*, *Brassica repanda*, *Oxytropis montana*, *Astragalus depressus*, *Rhaponticum scariosum*, etc. On pourrait, en ous cas, faire la même objection qu'à la cause précédente.

De ces faits nous pouvons donc déduire que les causes auxquelles on attribue généralement le nanisme, chez les végétaux spontanés, ne peuvent être celles qui produisent les mêmes variations chez les plantes cultivées.

Si l'on recherche dans quelle catégorie de plantes le nanisme est le plus répandu, on verra qu'il est plus fréquent chez les végétaux annuels que chez les végétaux vivaces et ligneux , d'où l'on peut conclure que plus une plante est multipliée de semis, plus elle est susceptible de produire la variation qui nous occupe. D'après cette idée, si la reproduction par graines des espèces vivaces et ligneuses était plus pratiquée, les variétés naines se rencontreraient plus fréquemment chez elles.

Les moyens à employer pour conserver et propager les variétés naines sont divers et varient selon que cette modification s'est produite chez des végétaux de durée différente. Pour les arbres et les arbustes, c'est par la greffe, la bouture ou le marcottage qu'on obtient ce résultat. Ce n'est, en un mot, qu'en employant une partie de la variation, et en l'obligeant à se pourvoir elle-même, qu'on parvient à la propager. Pour les plantes vivaces ou bulbeuses, ces moyens seront identiques aux précédents ; c'est aussi en divisant les parties des individus nains qu'on arrivera à ce résultat. Enfin, pour la propagation des plantes annuelles, nous avons deux moyens à employer : les boutures pour celles qui ne fructifient pas, les semis pour celles qui donnent des graines. Mais ce dernier procédé ne doit être pratiqué seul que lorsque la variation est définitivement fixée, autrement, nous n'obtiendrions qu'un résultat incertain.

Pour propager une variété naine quelconque par ses propres graines, nous devons donc, avant toute chose, nous occuper de sa *fixation* et nous y parviendrons en employant les moyens que nous avons déjà indiqués dans les pages précédentes, la sélection et l'isolement.

Supposons une forme naine apparaissant dans un semis ; si nous voulons la fixer, il faudra l'isoler, c'est-à-dire ne pas la laisser au milieu des individus avec lesquels elle est née, afin de n'avoir à combattre chez elle que la tendance de l'atavisme et de prévenir tout métissage. Une fois isolée, nous en recueillerons la graine et nous la sèmerons. Pour les raisons que nous avons émises précédemment, les individus qui naîtront de ce semis ne ressembleront probablement pas tous au pied qui leur avait donné naissance ; nous exclurons donc tous ceux qui, par une variation quelconque, sembleront s'éloigner de celle que nous avons à maintenir. Ces pieds ainsi *épurés* nous fourniront, comme précédemment, mais en plus grand nombre peut-être, des individus représentant la variété qu'on tient à fixer. En pratiquant ainsi la sélection, on arrivera indubitablement, après quelques générations, à obtenir des individus assez semblables entre eux pour qu'on puisse supposer qu'ils soient sortis d'un même couple. Dès lors notre variété sera fixée.

Pour la fixation du nanisme et en général pour celle de la plupart des variations, il y a des différences très-grandes dans le temps nécessaire à son obtention. Ainsi nous avons des variations naines qui se fixent dès la première ou la deuxième génération ; d'autres ne se fixent qu'après 5 ou 6 années d'expériences consécutives ; d'autres présentent constamment des retours au type ; d'autres enfin disparaissent dès la première génération.

Nous ne savons à quelle cause attribuer cette diversité dans la durée de la fixation des variétés naines ; elle dépend sans doute de la difficulté plus ou moins grande qu'on éprouve à vaincre la tendance qu'ont les enfants à ressembler à leur ascendant. Mais pourquoi, chez certaines plantes, cette tendance ne peut-elle être anéantie par 5 ou 6 générations, tandis que chez d'autres, elle tend à s'annihiler dès la première ? L'explication de ce fait est peu facile. Cependant nous pensons qu'elle réside dans cette proposition : plus les plantes sont cultivées, plus leurs variations sont grandes et par cela même plus elles sont faciles à fixer. On nous contredira peut-être, mais nous n'hésitons pas à considérer une fois de plus, la culture longtemps pratiquée comme l'un des antécédents les plus favorables à la fixation rapide des variations.

Pour démontrer l'impossibilité de fixer certaines variétés naines, nous rappellerons le fait suivant : En 1859, MM. Vilmorin remarquèrent dans leurs cultures, rue de Reuilly, parmi un lot de *Saponaria calabrica*, un individu dont la taille était remarquablement plus petite que celle du type. Pensant que cette variation serait une bonne fortune pour l'ornement de nos jardins, MM. Vilmorin tentèrent de la fixer. De nombreuses graines recueillies sur cet individu nain furent semées en 1860 et reproduisirent un grand nombre d'individus à peu près semblables à la variation qu'on voulait fixer; des graines prises sur les individus qui se rapprochaient le plus de la forme naine furent semées en 1861 et parmi les nombreux individus auxquels elles donnèrent naissance, aucun ne reproduisit la variation naine.

Il est vraisemblable cependant que si, comme nous l'avons précédemment indiqué, MM. Vilmorin avaient cultivé isolément un plus grand nombre d'individus nains de ce *Saponaria*, et que s'ils en avaient semé séparément les graines, ils seraient arrivés à fixer cette variation.

Maintenant, pour démontrer la commodité avec laquelle on arrive en très-peu de temps à fixer une variation naine, nous prendrons le fait suivant dont l'origine est toute récente : En 1860, MM. Vilmorin remarquèrent, dans une plantation de *Tagetes signata*, un individu qui, par son port trapu et buissonneux, était comparativement plus petit que ceux du reste de la plantation. *Ce pied ne fut pas isolé*, et les graines qu'il produisit donnèrent, en 1861, un nombre considérable d'individus dont 2 seulement répétèrent la forme naine ; le reste était intermédiaire entre elle et le type. Les graines recueillies sur ces 2 individus nains les reproduisirent presque entièrement en 1862, puisque c'est à peine si une sélection rigoureuse a nécessité l'exclusion de 10 0/0 d'individus qui étaient retournés au type.

Ainsi voilà une variation qui s'est manifestée d'abord chez un unique individu, et qui, après 3 générations, s'est tellement bien fixée, que les individus auxquels elle a donné naissance sont assez semblables entre eux pour sembler tous sortis d'une seule et même graine.

Lorsque ces variations sont définitivement fixées, qu'elles se *spécifisent* en un mot, elles passent à l'état de race ou de sous-espèce et elles peuvent alors devenir la souche d'une nouvelle lignée de variétés qui n'auront de commun entre elles que la diminution de leur taille. Tel est, par exemple, le *Scabiosa atropurpurea* var. *nana*, qui a produit, comme son type, des variétés de coloration ; ainsi les jardins possèdent le *Scab. atropurp. nana purpurea*, de laquelle MM. Vilmorin obtinrent et fixèrent les variétés *carnées* et *roses*.

Le *Calliopsis tinctoria* a produit une variété naine qu'on a appelée *pumila*, et de cette variété MM. Vilmorin obtinrent le *C. tinct. pumila purpurea,*

Le *Tagetes patula* a également produit une variété naine, le *T. patula nana*, dans laquelle la coloration des fleurs était identique à celle du type. Cette variété a donné naissance à une nouvelle variété naine caractérisée par des fleurs entièrement jaunes.

Le même fait s'est présenté chez les Balsamines et les Reines-Marguerites ; ces dernières surtout présentent plusieurs races naines qui ont produit des variétés de colorations différentes.

De ces exemples on pourrait conclure que le nanisme, une fois bien fixé, prend un cachet de constance tel que de nouvelles variations se produisent ; ce n'est pas sur lui, mais sur des caractères persistants du type lui-même, ou au moins plus anciennement fixé, qu'elles porteront de préférence.

Si, pour soutenir cette théorie, nous recherchions des exemples dans le règne animal, nous n'aurions que l'embarras du choix : les Chiens, les Cochons, les Poules et les Canards nous en fourniraient de nombreux.

Nous n'avons aucune indication précise sur la fixation par semis du nanisme chez les végétaux ligneux. Mais, en considérant ce qui se passe chez les plantes annuelles, on doit supposer, affirmer même que si ces variations pouvaient être semées avec autant de commodité que chez les végétaux annuels, leur fixation s'opérerait tout aussi facilement. On comprend que, pour les arbres, des expériences consécutives sur leur reproduction par semis ne peuvent être tentées par l'homme dont la vie est si courte.

Existe-t-il un moyen quelconque pour la production des variations naines?

Si l'on consulte à ce sujet les différentes publications horticoles, on ne trouve aucune indication qui soit basée sur des faits bien établis. Ces variations apparaissent, on en constate parfois l'apparition, et là se bornent les renseignements; les cultivateurs eux-mêmes, si on les questionne à ce sujet, répondent que cette variation est purement accidentelle et que si parfois elle offre un intérêt quelconque qui en motive la propagation, ils s'occupent de la propager par les moyens que l'expérience a mis à leur disposition.

Pour nous, nous considérons comme un puissant moyen d'affollement des végétaux dans le sens du nanisme *les semis d'automne* et en même temps *les repiquages successifs qu'ils nécessitent*. Pour rendre notre idée plus sensible, prenons pour exemple le *Calliopsis tinctoria*. Après l'avoir semé en août-septembre, nous devrons, dans une culture bien entendue, dès qu'il aura développé quelques feuilles, le repiquer dans une pépinière d'attente, en laissant entre les plants un espace suffisant pour qu'ils puissent croître librement. Lorsque les feuilles viendront à se toucher, nous devrons nécessairement opérer un nouveau repiquage, que nous renouvellerons une 3ᵉ et peut-être même une 4ᵉ fois; après quoi nous les mettrons en place. Or, qu'aurons-nous obtenu par ces repiquages successifs? Des plantes fortes, vigoureuses, fermes, trapues; nous aurons favorisé le développement des ramifications inférieures qui se sera nécessairement opéré au détriment de celui de la tige principale, et nous aurons ainsi créé un individu comparativement nain. Si maintenant nous récoltons des graines sur des plantes ainsi cultivées et que nous donnions les mêmes soins aux individus qui en naîtront, nous obtiendrons, d'année en année, des êtres chez lesquels on aura fait développer une certaine tendance au nanisme. En un mot, des graines recueillies sur des plantes ainsi traitées pendant plusieurs générations seront plus aptes que d'autres à produire des variétés naines; et cela est tellement vrai que la plupart de ces variétés appartiennent à des plantes qu'on peut semer à l'automne, ou bien à celles qui, semées au printemps, sont soumises à des repiquages successifs.

Ainsi, parmi les espèces annuelles qu'on sème habituellement de juillet en septembre, les suivantes ont produit des variétés naines.

Calceolaria plantaginea.	*Leptosiphon densiflorus.*
Senecio cruentus.	*Dianthus sinensis.*
Agrostemma Cœli-Rosa.	*Scabiosa atropurpurea.*
Calliopsis tinctoria.	*Schizanthus retusus.*
Œnothera Drummondii.	*Iberis umbellata.*
Helichrysum bracteatum.	

Et parmi celles qu'on sème au printemps et dont les plants sont soumis à des repiquages successifs, nous citerons les suivantes :

Impatiens Balsamina.	*Tagetes erecta.*
Callistephus sinensis.	*— signata*
Tagetes patula.	

La fécondation artificielle pourrait-elle être invoquée pour la production des variétés naines ?

Cette question est certainement très-importante, mais nous ne pensons pas que la fécondation ait été tentée dans le but direct d'obtenir le nanisme. Nous savons que la fécondation est une des causes les plus puissantes pour faire varier les plantes ; or, en fécondant une espèce avec l'une de ses variétés, ou bien en fécondant entre elles ces deux variétés (chez lesquelles naturellement le nanisme ne se sera pas fait remarquer), nous serons certain par ce procédé de faire naître en ces plantes un plus grand nombre de variations que si nous avions semé séparément les graines de chacune d'elles fécondées par leur propre pollen ; donc plus nous aurons de variations, plus la plante sera affolée, plus la chance sera grande d'obtenir celle que nous désirons. Cependant nous savons que le métissage produit presque toujours des individus plus robustes que leurs parents ; c'est ainsi, par exemple, que, dans les animaux, et l'homme en particulier, le mulâtre qui est le produit du croisement entre les races blanche et noire, est plus vigoureux que ses parents ; d'où on peut tirer cette conclusion, que de toutes les variations que le métissage pourra produire, le nanisme est celle qu'on aura le moins de chance d'obtenir.

Un fait curieux, dont nous devons la communication à l'obligeance de M. Mac-Nab, démontrerait cependant qu'étant opérée d'une certaine manière, la fécondation pourrait produire des individus ayant une tendance au nanisme.

. . . . . « Il est une circonstance qu'on a récemment fait connaître, dit M. Mac-Nab et sur le résultat de laquelle on ne doit avoir aucun doute : c'est que les meilleures variétés naines de *Rhododendron* sont celles obtenues par l'emploi du pollen pris sur les petites étamines. Les produits qu'on en obtient, je puis le certifier, sont très-différents de ceux obtenus par l'emploi du pollen des grandes étamines. »

Nous ne croyons pas que cette expérience ait été pratiquée par nos cultivateurs de *Rhododendron*. Si le fait est exact, on pourrait non-seulement produire des variétés naines de *Rhododendron*, mais encore d'Azalées, et en général de toutes les plantes dont les étamines présentent une inégalité dans leur développement. Telles sont, par exemple, celles des familles des Scrofularinées, des Labiées, etc.

On sait généralement que, par la taille et le pincement, on peut obtenir des individus comparativement moins élevés ; ainsi c'est par la taille qu'on imprime à quelques-uns de nos arbustes ces formes buissonnantes qu'on recherche parfois pour l'ornement de nos jardins : c'est de même par le pincement que nos fleuristes parviennent à diminuer avantageusement la taille de quelques plantes vivaces ; tels sont par exemple les *Phlox*, l'*Helianthus orgyalis*, les Chrysanthèmes, etc. Mais ces moyens sont purement mécaniques et les plantes qu'on y soumet ne conservent pas ces caractères lorsqu'on les y soustrait. Néanmoins, nous pensons que les graines recueillies sur une plante vivace soumise annuellement et depuis un certain nombre d'années et de générations à l'influence de la taille ou du pincement, aurait plus de tendance à produire des variations naines que les graines de ces mêmes plantés non habituées à ces traitements.

§ 2. — Des variétés par augmentation de taille ou du géantisme.

Les variations géantes sont très-rares chez les végétaux d'ornement ; cela tient à ce qu'elle ne sont pas recherchées et qu'on les rejette même toutes les fois qu'elles se présentent.

Le géantisme résulte de causes diverses, parmi lesquelles nous indiquerons les suivantes : *la richesse et la fertilité du sol; l'emploi de graines nouvellement recueillies, le métissage* et l'*hybridation.*

Une culture mal entendue prédispose aussi au géantisme. On sait par exemple que des semis trop épais et non éclaircis produisent des individus plus grêles mais plus élevés que les mêmes plantes auxquelles on fait subir un ou plusieurs repiquages.

La richesse et la fertilité du sol ont une influence des plus prononcées sur le développement des formes géantes. C'est là un fait qui n'a pas besoin de commentaire, du moins en ce qui regarde les plantes sauvages, surtout celles qui croissent dans les terrains secs et arides, et qu'on introduit dans un jardin.

On sait que l'âge des graines exerce une influence diverse sur les produits qu'elles doivent donner : ainsi les graines nouvellement recueillies donnent toujours naissance à des individus plus vigoureux, plus robustes que les graines reposées. C'est là un fait généralement admis en horticulture, et il a été également reconnu dans la culture maraîchère.

Nous pouvons donc en déduire que plus nous sémerons des graines fraîchement recueillies, plus nous aurons de chance d'obtenir des individus grands et robustes, et que plus nous emploierons des graines reposées, plus les résultats que nous obtiendrons seront opposés aux précédents.

Nous avons vu que le croisement entre individus d'espèces différentes produisait ce qu'on appelle un hybride ; or, le caractère de l'hybridité se trahit toujours par le grand développement des individus auxquels elle donne naissance. Pour n'en citer qu'un exemple, nous rappellerons les observations faites en 1855 par M. Naudin, sur 120 sujets hybrides de *Datura,* dont 96 provenant du *D. Tatula* fécondé par le *D. Stramonium,* et 24 issus du *D. Stramonium* fécondé par le *D. Tatula.* Ces hybrides, dit M. Naudin, « étaient sensiblement intermédiaires entre les deux espèces, quoique peut-être un peu plus voisins du *D. Tatula* que du *D. Stramonium ;* mais leur hybridité se trahissait par un caractère qui a souvent été remarqué : le développement exagéré des organes de la végétation ; leur taille en effet variait entre 2 mèt. et 2 mèt. 50 cent., et plusieurs de leurs feuilles avaient au moins, en surface, le double de celles des deux espèces originaires. »

Un autre caractère qui a été de même souvent remarqué chez les hybrides, c'est celui de la difficulté qu'ils ont à produire des fleurs et des fruits : ainsi l'augmentation des organes de végétation se fait au détriment de celle des fleurs. De cette circonstance, jointe à celle de l'impossibilité qu'ont ces êtres de pouvoir se conserver indéfiniment par semis, nous tirerons cette conclusion : que, bien que l'un des caractères de l'hybride réside dans le grand développement des organes de la végétation, nous ne devons pas cependant, dans les végétaux annuels, pour produire des variétés géantes, compter sur l'hybridation, tout en reconnaissant son action sur la prédisposition au géantisme.

Mais il n'en sera pas de même pour les végétaux vivaces et ligneux. Ici, en effet, en fécondant une espèce à peu près naine par le pollen d'une espèce plus élevée (appartenant au même genre bien entendu), les graines de ce croisement produiront *indubitablement* des individus plus élevés que ne l'était leur mère, individus qu'il sera facile de multiplier de boutures, greffes, marcottes, etc.

Nous avons vu précédemment que le caractère essentiel du métissage était de donner naissance à des individus plus forts et plus robustes que leurs parents, d'où nous pouvons conclure que plus nous féconderons entre elles les races et variétés (d'une même espèce), plus elles seront susceptibles de produire des variations chez lesquelles la tendance au géantisme sera prononcée, variations que nous parviendrons ensuite à fixer en pratiquant les moyens connus, c'est-à-dire la sélection et l'isolement.

L'emploi des engrais liquides pousse au géantisme; c'est ce que savent très-bien les horticulteurs qui en font usage pour exciter le développement de certaines plantes. Mais on comprend que cette cause n'agit que momentanément et qu'une plante qui aura été soumise à son influence pendant une période annuelle de végétation n'en gardera aucun effet postérieurement, si on la soustrait à cette condition.

Mais il n'en est pas ainsi pour les plantes depuis longtemps cultivées dans le même terrain ; de même que, dans cette condition, une espèce aura pu produire une variation naine, de même aussi elle pourra donner naissance à une variation opposée, c'est-à-dire géante (nous n'employons ce mot que pour désigner toute variation s'éloignant de son type par la hauteur de la taille). Or supposons que, dans un semis de Reines-Marguerites, nous remarquions un individu différent des autres par l'élongation de ses tiges et que nous voulions fixer cet individu, nous y parviendrons par les moyens connus: l'isolement et la sélection.

Quand une variété géante est bien fixée, sa fixation n'est pas telle qu'elle ne puisse jamais varier ; sa stabilité ne dépend pas seulement de la sélection et de l'isolement ; elle est encore subordonnée aux conditions climatologiques et terrestres dans lesquelles on la cultive.

Ainsi nous avons des variétés géantes qui se conservent parfaitement pures dans certaines localités, et qui, transportées sous un autre climat, dans un autre terrain, perdent promptement leur caractère essentiel. Tel est, par exemple, le Chanvre du Piémont qui, dans ce pays, acquiert des proportions gigantesques qu'il conserve encore dans quelques-uns de nos départements de l'Est ; mais quand on le cultive dans un lieu plus éloigné (dans l'Anjou par ex.), il perd sa haute stature après une ou deux générations au plus et y devient tout à fait semblable au Chanvre ordinaire du pays.

§ 3. — Des variétés de rusticité.

Est-il possible de produire des variétés de *rusticité?* Nous croyons, bien que nous n'en ayons pas d'exemple très probant, que, par des choix successifs dirigés dans ce sens, on peut obtenir, mais dans des limites toujours étroites, des individus plus rustiques que les espèces qu'on possédait déjà, et qu'on peut arriver à fixer ce caractère. Ce n'est guère du reste dans la culture potagère que nous en pourrions prendre quelques exemples.

Par l'hybridation on est arrivé dans ce sens à des résultats assez remarquables. Ainsi, c'est en fécondant l'*Amaryllis brasiliensis*, espèce délicate et à laquelle il était impossible de faire passer l'hiver en pleine terre, sous le climat de Paris, par l'*Amaryllis vittata*, plante beaucoup plus rustique, que MM. Souchet père, de Fontainebleau, et Truffaut fils, de Versailles, ont obtenu des individus de nuances intermédiaires, qui ont presque la rusticité de leur père, et qui, avec l'aide d'une couverture de feuilles ou autre, peuvent supporter l'hiver sans trop souffrir sous le climat de Paris, comme l'*A. vittata* lui-même.

Nous notons ce fait d'autant plus volontiers qu'il est remarquable à un double point de vue, les produits obtenus ne tenant aux parents que par les caractères qu'on a voulu conserver : ils ont emprunté à l'un la beauté de ses fleurs, et ils tiennent surtout de l'autre, dont les couleurs sont moins brillantes, par la rusticité. On sait que le *Rhododendron arboreum* ne peut résister à un froid de plus de 3 à 4 degrés et que, fécondé par le *R. Catawbiense*, qui est beaucoup plus rustique, les graines qui naissent de ce croisement produisent des plantes qui ont hérité de la rusticité de celui-ci.

§ 4. — Des variétés grandiflores.

Ces variations sont toujours dues à un terrain substantiel, riche en humus et surtout à une culture rigoureusement et savamment pratiquée ; elles se fixent aisément, mais elles s'éteignent insensiblement, voire même promptement si les conditions et les soins dont nous venons de parler ne président pas constamment à leur éducation.

C'est ainsi, par exemple, et nos cultivateurs le savent bien, que les races de Pensées à grandes fleurs retournent rapidement au *Viola tricolor* pur et simple, lorsqu'on néglige de leur donner des soins spéciaux : *semis en temps opportun, repiquage chaque fois qu'il en est besoin, suppression des individus qui ne présentent pas les caractères désirables*, tels sont les principes desquels on ne doit pas se départir pour la conservation des races de Pensées à grandes fleurs.

Il importe peu de recueillir et semer de préférence les graines des premières fleurs, bien qu'on l'ait recommandé comme de toute nécessité, parce qu'elles sont ordinairement les plus grandes. Des observations exactes faites par MM. Vilmorin prouvent l'inutilité de cette pratique.

Voulant s'assurer si, selon leur position sur la plante et l'époque de leur maturité, les graines des Pensées produiraient des individus différant notablement entre eux, MM. Vilmorin firent, sur un grand nombre de pieds de belles Pensées, onze cueillettes successives, dont les graines furent semées séparément et dans des conditions de culture identiques. En cultivant de même plusieurs individus de chacun de ces semis, MM. Vilmorin remarquèrent que les produits du onzième lot, c'est-à-dire ceux qui provenaient des dernières fleurs, furent tout aussi beaux, sous le double rapport du nombre et de la grandeur des fleurs, que ceux du premier lot, provenant par conséquent de la première cueillette.

Il est un fait généralement reconnu en horticulture, et qui n'est pas sujet à discussion : c'est que l'hybridation peut être invoquée pour la production d'individus à fleurs comparativement plus grandes que celles de leur mère (quand toutefois le père les a plus grandes qu'elle). C'est ainsi, par exemple, qu'en fécondant le *Begonia discolor* par le pollen du *B. Rex* et de quelques variétés de ce dernier, M. Malet fils, jardinier de M. le comte d'Haussonville, a obtenu des produits dont l'origine hybride se trahit par plusieurs caractères, et entre autres par celui de la grandeur des fleurs. Mais, nous le répetons, l'hybridation ne peut produire que des variations qu'on propagera et multipliera, mais qu'on ne *fixera jamais*. En métissant une espèce parviflore par sa variété grandiflore, nous pourrons aussi obtenir des individus à fleurs plus grandes que celles de leur mère, individus qui seront très-fertiles et qu'au besoin nous pourrons fixer. Par le métissage, on peut donc *créer* une race ou une variété dans laquelle la grandeur des fleurs sera augmentée.

Il va sans dire que par les mêmes procédés, mais en intervertissant les rôles, c'est-à-dire en fécondant une espèce grandiflore par le pollen d'une variété parviflore, ou bien une espèce à grandes fleurs par sa variété à petites fleurs, nous pourrons produire des variations ou des races qui seront caractérisées par des fleurs plus petites que celles de leur mère.

§§ 5 et 6. — **Des variétés de précocité et de tardiveté**.

Nous réunissons sous un même titre ces deux variations qui ne sont, en somme, que les deux termes extrêmes d'une même série ; nous ne pourrions du reste séparer l'étude des causes sous l'influence desquelles semble se produire chacune d'elles.

On sait que les conditions climatologiques ont une influence des plus grandes sur la durée de la végétation. Selon qu'un végétal est exposé à une chaleur plus ou moins élevée, son développement s'opère plus ou moins rapidement ; c'est un fait constaté depuis longtemps et sur lequel il est à peine besoin d'insister. C'est ainsi, comme le dit M. le Dr Sagot, dans un travail remarquable sur la végétation des plantes potagères d'Europe à la Guyane française, que, tandis qu'à Paris le Maïs met 5 mois pour opérer sa végétation, à Cayenne il mûrit ses graines en 4 mois ; il en est de même pour le Melon d'eau et le Haricot qui, à Paris, mûrissent en 3 mois, tandis qu'à Cayenne ils opèrent leur végétation en 2 mois et demi.

Sans sortir de notre pays, la vendange et la moisson commencent beaucoup plus tôt dans le Midi que sous le climat de Paris, et la maturation des fruits s'y fait plus rapidement.

Nous savons aussi que, pour nos plantes alpines, une espèce poussant à 4 ou 500 mètres d'altitude, non-seulement fleurit plus tôt, mais encore parcourt plus rapidement les phases de sa végétation que la même espèce croissant à une altitude plus grande, à 1000 mètres, par exemple.

Or, de ce que nous savons déjà que, dans certaines limites bien entendues, une plante se familiarise, s'habitue en quelque sorte aux conditions auxquelles on la soumet, nous pouvons tirer cette conséquence que, si une espèce est cultivée dans un climat chaud, elle sera plus susceptible de produire des variations de précocité que la même plante cultivée dans une région plus froide qui aura, elle, plus de tendance à donner naissance à des variations tardives. Cela est tellement évident que ces deux variations ne s'observent exclusivement que dans les végétaux cultivés sous des climats très-différents. Nos arbres fruitiers en fournissent de nombreux exemples ; ceux que montrent nos espèces potagères ne leur cèdent pas en nombre, et parmi nos plantes d'ornement ce ne sont que celles-là qui offrent ces variations. Ex : — les Reines-Marguerites, les Balsamines, etc.

En partant de ce principe, si l'on voulait, par exemple, chercher à produire un Abricotier tardif, ce qui ne serait pas sans intérêt, ainsi que l'a dit M. Vilmorin, on l'obtiendrait plutôt en semant des abricots recueillis sur des arbres cultivés à Paris qu'en employant des abricots cultivés dans le Midi.

D'après les mêmes idées, une plante cultivée dans le Midi de la France y fleurissant plus tôt et accomplissant plus rapidement sa végétation que dans le Nord, sera susceptible de produire des variétés précoces. C'est ce qui a eu lieu effectivement pour l'une de nos plantes les plus connues, le Chrysanthème de la Chine, dont les premières variétés hâtives naquirent à Avignon. Dans l'origine, M. Coindre, jardinier en chef du jardin botanique de cette ville et l'obtenteur de cette race, trouva une variété qui fleurit en septembre et, en en semant des graines, il obtint successivement des individus qui fleurirent déjà en août. Ainsi nous avons chez ces Chrysanthèmes une différence considérable dans l'époque de floraison, résultat très-important, mais auquel il reste quelque chose à ajouter à un autre point de vue. Dans ces variétés hâtives, on n'observe encore ni cette variation considérable de coloris, ni cette abondance de floraison, ni le port enfin particulier aux Chrysanthèmes ordinaires ; nous sommes persuadé cependant que, par des expériences suivies, cette race particulière s'enrichira de nouvelles variétés qui ne le céderont en rien à celles desquelles elle est primitivement sortie. Il est évident qu'il faudra travailler une plante d'autant plus longtemps qu'on voudra réunir plus de qualités distinctes ; ainsi, par analogie, on peut admettre que, dans le cas où les pépiniéristes arriveraient à obtenir une variété tardive d'Abricotier, le fruit pourrait ne pas avoir les qualités requises, et l'on aurait alors à chercher à les lui rendre par des semis successifs.

Nous avons vu précédemment que l'âge des graines influe sur les individus qui en sortent ; que plus les graines sont jeunes, plus leur germination s'opère rapidement, et partant plus leur développement est prompt. Nous pouvons donc espérer que les graines jeunes auront une tendance à produire des variétés hâtives, contrairement aux graines reposées qui, germant plus lentement, produiront par cela même des variations plus ou moins tardives.

On a attribué à l'époque à laquelle une graine paraît sur une plante une influence pour la production des variétés tardives et hâtives. Ainsi les premières graines mûres donneraient des plantes plus hâtives, et celles qui viennent après des plantes plus tardives. Cependant cette opinion est en contradiction avec l'expérience que nous avons rapportée précédemment du semis fait par M. Vilmorin de 11 lots de graines de Pensées récoltées successivement sur les mêmes plantes, et qui donnèrent des résultats identiques pour l'époque de floraison et la grandeur des fleurs.

La fécondation artificielle pourrait-elle servir à la production des variétés tardives ou précoces ? Jusqu'à présent nous n'avons pas de faits qui le prouvent. Nous pensons que, par l'hybridation entre une espèce précoce et une espèce tardive du même genre, on n'obtiendrait que des individus plus précoces ou plus tardifs, selon qu'on considérerait l'un ou l'autre des parents. Quant au métissage, nous ne pensons pas qu'il puisse être invoqué davantage. En supposant qu'on métisse entre elles une plante très-précoce avec sa variété très-tardive ou *vice versa*, on ne pourrait obtenir que des variétés de précocité ou de tardiveté intermédiaires entre les parents.

§ 7. — Des variétés odorantes.

L'odeur est un caractère qui, comme tous les autres, varie dans certaines limites. Cette variabilité s'observe même chez les variétés d'une seule espèce : chacun sait que, par exemple dans les *Phlox*, il y a des individus très-odorants et d'autres qui ne le sont que peu ou point ; dans les Pivoines albiflores on constate les mêmes différences, qu'on observe du reste dans les Roses, le *Petunia violacea*, etc.

Les causes auxquelles nous pouvons attribuer ces différences d'odeur sont peu nombreuses et aussi très-peu connues encore. Pourtant le climat, l'exposition et la nature du sol ont une influence marquée sur ce caractère. L'odeur des plantes qui croissent sur les collines sèches et arides est de beaucoup plus pénétrante que celle des mêmes espèces cultivées dans les lieux humides et ombragés. L'odeur est même susceptible de se transformer entièrement d'une localité à l'autre : par ex. le *Satyrium hircinum* exhale une odeur hircine des plus prononcées dans les environs de Paris et plus au nord, tandis que dans l'est et particulièrement dans le midi, ses fleurs ont une senteur qui se rapproche de celle de la Vanille. *L'Orchis coriophora*, dont on connaît l'odeur si fétide dans nos environs, devient très-suave aux environs de Montpellier (1).

Les Giroflées, on le sait, sont plus odorantes au printemps que pendant l'hiver. Dans quelques cas, la chaleur est loin d'augmenter l'odeur d'une plante. Par exemple le *Réséda* est beaucoup plus suave à l'automne que pendant l'été ; les *Verveines* et les *Hebenstreitia* ne sont odorants que du soir au matin.

On le voit donc, ces transformations d'odeur résultent de causes diverses et bien incertaines.

En fécondant une espèce inodore par une plante odorante, les graines qu'on obtiendrait de ce croisemen pourraient-t-elle sdonner naissance à des individus odorants ?

Nous ne pensons pas que des expériences aient été publiées sur ce sujet; mais nous en citerons une dont le résultat a été communiqué à M. L. Neumann par M. J. Anderson laquelle démontrerait que la chose est possible.

... « Dans quelques croisements que j'ai opérés entre une espèce odorante et une inodore, j'ai constaté, dit **M.** Anderson, que les individus issus des graines de ces croisements participaient du caractère odorant du père. L'exemple le plus remarquable que j'aie obtenu est celui que présentaient les individus issus d'un croisement du *Rhododendron ciliatum* (espèce inodore) par le *Rhododendron Edgeworthii* (espèce très-odorante). La progéniture est déli-

---

(1) Il est vrai que la plante méditerranéenne est considérée comme une espèce distincte, sous le nom d'*O. fragrans*; mais il est évident pour nous qu'elle ne diffère de l'*O. coriophora* que par le changement d'odeur. La culture pourrait nous démontrer l'exactitude de cette opinion, si ces plantes étaient moins difficiles à cultiver.

cieusement parfumée, également belle, peut-être moins robuste que l'espèce fragrante qui a fourni le pollen. »

§ 8. — Des variétés de coloration.

Ces variations sont sans contredit celles qu'on rencontre le plus communément chez les végétaux cultivés ; ce sont celles aussi qui font le plus bel ornement de nos parterres. On les observe sur toutes les parties des plantes : ainsi les tiges, les feuilles, les fleurs, les fruits, les graines, offrent chacune, quoiqu'en proportions très-différentes, des variations de coloration. Examinons successivement chacune de ces parties.

1° *Tiges.*

Si nous examinons d'abord les tiges souterraines, telles que bulbes, rhizomes où tubercules, nous constaterons que la coloration est parfois très-variée chez une même espèce, comme dans la Jacinthe, la Batate, la Pomme de terre, la Betterave, etc. ; et en second lieu, qu'elle peut faire pressentir jusqu'à un certain point celle des feuilles ou des fleurs que ces tiges doivent produire. Cependant il arrive plus fréquemment que la coloration des fleurs est moins variée que celle des tiges souterraines. Ex. : la Pomme de terre, la Batate, etc.

Nous ne connaissons d'autre moyen pour créer cette variation chez une espèce qui en est dépourvue que celui des *semis répétés,* afin d'obtenir son ébranlement le plus tôt possible. Nous savons déjà que les variations les plus diverses peuvent se rencontrer sur toutes les parties des végétaux ; or, parmi les écarts qu'une plante bulbeuse ou tuberculeuse pourra présenter, nous avons évidemment toutes chances d'obtenir une variation, soit dans la couleur, soit dans la forme des bulbes ou tubercules. Une fois obtenue, il ne nous restera qu'à la multiplier par l'un des moyens connus. Nos variétés de Pomme de terre, etc., n'ont certainement pas d'autre origine.

La culture d'abord, la sélection ensuite contribuent à augmenter le volume des racines de quelques-unes de nos plantes potagères. C'est avec l'aide de ces auxiliaires que MM. Vilmorin père et fils sont parvenus à créer cette race remarquable de *Carotte améliorée*, dont on a tant parlé dans ces dernières années ; et il en est de même pour le Cerfeuil bulbeux. C'est par la culture et la sélection que l'*Apium graveolens*, qu'on rencontre à l'état sauvage sur plusieurs points du littoral, introduit d'abord dans nos jardins pour le produit qu'on pouvait retirer du pétiole de ses feuilles, a donné naissance à une variété à pétiole violet, et c'est par les repiquages successifs, auxquels on a dû soumettre ces variétés pour favoriser leur développement, qu'on a obtenu cette race si curieuse désignée sous le nom de *Céleri-Rave*.

La coloration des tiges aériennes est moins variée, et ici encore cette coloration ne peut servir à déterminer à l'avance celle que pourront revêtir les fleurs. Néanmoins les variétés à tiges pâles et blanchâtres produisent le plus souvent des fleurs blanches ou jaunes, lilas ou roses ; tandis que la coloration violacée ou rouge est un indice que les fleurs seront d'une couleur foncée dont l'intensité sera en rapport avec celle de la coloration des tiges. Ce caractère sert aux semeurs pour l'éclaircissement ou l'épuration de leurs variétés avant qu'elles soient en fleurs ; ce qui, on le conçoit, peut hâter considérablement leur fixation, en prévenant tout métissage.

Nous ne savons si la curieuse coloration du *Fraxinus excelsior*, var. *aurea*, peut se reproduire par semis. Nous ne connaissons aucune expérience qui ait été tentée à ce sujet ; mais nous pensons que la fixation de cette variété serait tout aussi facile à obtenir que chez les plantes annuelles. Ce ne serait, en définitive, qu'une question de temps.

2° *Feuilles.*

Nous ne comprenons ici que les variations de coloration uniforme : nous excluons par conséquent les panachures dont nous parlerons dans le chapitre suivant.

Ces colorations sont peu fréquentes ; rarement on a observé une plante à feuilles vertes ayant produit une variété à feuilles rouges ou purpurines. Nous ne pouvons en citer que quelques exemples. Le Chou rouge en est un des plus manifestes ; mais, pour ne parler que des plantes d'ornement, l'*Ocimum Basilicum* et sa variété *minimum*, l'*Oxalis corniculata*, l'*Atriplex hortensis*, ont produit chacun une variété *atrosanguinea*. Le *Trifolium repens* a aussi produit une variété à feuilles pourpres et, chose curieuse! non contente d'avoir ainsi changé la coloration des feuilles de ce Trèfle, et comme pour nous donner un exemple des écarts considérables que peut revêtir une espèce, la nature a voulu que cette variété offrît un caractère bien plus curieux encore, unique dans les nombreuses espèces de ce genre : celui d'avoir des feuilles composées de 4 ou 5 folioles au lieu de 3.

Les végétaux ligneux présentent quelques variations de ce genre: tels sont, par ex., les *Fagus silvatica*, *Corylus Avellana*, *Berberis vulgaris*, *Acer Pseudoplatanus*, etc.

Ces variations sont faciles à fixer, et les espèces annuelles précédemment indiquées restent presque toujours pures, lors même qu'elles sont cultivées dans le voisinage des plantes qui les ont produites ou à côté d'espèces très-voisines. Pourtant leur coloration se maintient plus certainement et est plus intense lorsqu'on les élève isolément, de sorte qu'en cultivant ces variétés aux environs des plantes qui leur ont donné naissance, on pourrait peut-être, par le métissage, obtenir de nouvelles variations d'un coloris moins intense qui, une fois fixées, augmenteraient le nombre encore restreint de ces végétaux aussi curieux que bizarres. Tel est le cas pour l'*Atriplex hortensis* et le *Fagus purpurea*, qui ont produit chacun une sous-variété *cuivrée*.

Les végétaux ligneux que nous venons de citer se propagent aisément de boutures, greffes ou marcottes, et quelques-uns d'entre eux se reproduisent même assez franchement de semis. Ainsi en 1840 (1), M. Cappe sema des graines de *Fagus purpurea*, et tous les individus qui en naquirent reproduisirent cette variété. M. Pépin vit ces arbres en 1852; il remarqua dans leur voisinage un grand nombre de jeunes individus issus de leurs graines, et il estima à environ 60 0/0 le nombre des pieds qui avaient conservé le caractère du Hêtre pourpre.

En 1850, M. Pépin sema 11 graines de cette variété. Sur ce nombre 10 germèrent et la reproduisirent. En 1853, le même

____

(1) *Ann. Soc. d'hort. de Paris*, 1853, p. 462 et suiv.

expérimentateur reçut de Belgique environ 100 graines de cet arbre ; toutes germèrent bien et donnèrent environ 1/3 de Hêtre pourpre.

Dans une lettre que M. Joscht écrivit à M. L. Neumann en novembre dernier, cet habile horticulteur disait avoir fait un semis de *Fagus purpurea* et en avoir obtenu exactement la même plante.

Enfin les pépiniéristes s'accordent généralement à regarder le Hêtre pourpre comme une variété se reproduisant assez franchement de semis ; et, pour notre compte, nous serions disposé à croire que, si des retours au *Fagus silvatica* type s'observent en certaines quantités, cela pourrait tenir à ce que les sexes étant distincts sur le même arbre, le métissage par le pollen apporté des variétés vertes qui se trouvent aux environs doit se produire fréquemment.

Le *Berberis vulgaris purpurea* obtenu par M. Bertin, de Versailles, est dans le même cas. Ainsi, en 1830, M. Bertin en fit un semis et il obtint la même variété (1). Les pépiniéristes ne procèdent souvent pas autrement pour sa multiplication ; mais tandis que les uns obtiennent un résultat satisfaisant, les autres échouent presque complétement. D'après ce que nous venons de dire sur le Hêtre pourpre, nous pensons que si l'Épine-vinette ne recevait pas l'influence du pollen du *Berberis vulgaris* ordinaire, cette variété se montrerait beaucoup mieux fixée.

Nous n'avons aucune indication sur la reproduction par semis du *Corylus purpurea* et de l'*Acer atropurpureum ;* mais les résultats obtenus dans les cas précédents nous font penser que ces variétés pourraient se propager de cette manière.

Bien que le Hêtre pourpre et l'Épine-vinette ne se reproduisent pas franchement de semis, on n'en peut déduire pourtant que ces variétés ne pourraient être fixées. Les résultats obtenus chez les plantes annuelles nous font supposer que la fixation serait tout aussi facile à obtenir chez les plantes ligneuses. Dans ce cas, il n'y aurait évidemment qu'une question de temps.

-----

(1) *Ann. Soc. d'Hort.* 1853, p. 462.

3° *Fleurs.*

Avant de passer en revue les différentes colorations des fleurs, rappelons en peu de mots ce que l'on sait à ce sujet.

On a divisé les couleurs que présentent les fleurs en 2 séries partant toutes deux du blanc pour arriver au rouge, en passant l'une par le jaune, l'autre par le bleu : la 1re est la *série xanthique*; la 2e la *série cyanique*. On a remarqué aussi que les espèces appartenant à l'une de ces deux séries ne présentaient pas la couleur caractéristique de l'autre : ainsi on ne connaît jusqu'ici aucune espèce appartenant à la série xanthique qui ait varié au bleu, et réciproquement. Cela est même quelquefois vrai pour des genres, mais cependant d'une manière bien moins générale : nous citerons comme exceptions les *Linum, Gentiana, Iris.*

D'après cette théorie, étant donnée une plante quelconque, on peut, jusqu'à un certain point, connaître d'avance les variations de coloration qu'elle pourra présenter. La plus fréquente sera le blanc ; mais on peut poser en règle générale que sont possibles toutes les variations connues dans la série à laquelle appartient la plante. Ainsi, dans la série xanthique, nous aurons le blanc avec ses intermédiaires au jaune, et de là au rouge en passant par l'orangé et le pourpre brun. Dans la série cyanique, du blanc nous arriverons au rouge intense par les bleus, les violets et les lilas. Chacune des couleurs qui se présenteront pourra du reste varier d'intensité, et les nuances qui se rapprocheront du noir ne seront que des coloris très-intenses.

DE LA COLORATION EN BLANC.

La coloration blanche est très-fréquente dans le règne végétal. On a dit qu'elle coïncidait avec un affaiblissement de la plante ; mais on sait que, loin de languir, les plantes dont les fleurs revêtent cette coloration se fixent et se propagent de semis avec une extrême facilité. On a dit aussi que toutes les couleurs pouvaient la produire, mais qu'on l'observait plus rarement dans la couleur jaune.

Jetons un rapide coup d'œil sur les plantes diverses qui ont produit des variétés blanches, et nous verrons si cette opinion est bien fondée.

I. Plantes *rouges* ou *roses*, ayant produit des variétés blanches, appartenant à la série cyanique et qui, par conséquent, n'ont pas produit de variétés *jaunes*.

Impatiens Balsamina.	*Vinca rosea.*
Clarkia pulchella.	*Phlox Drummondii.*
Viscaria Cœli Rosa.	*Lathyrus odoratus.*
Cyclamen europœum.	*Malcolmia maritima.*
Syringa vulgaris.	*Malope grandiflora.*
Lavatera trimestris.	*Malva moschata.*
Digitalis purpurea.	*Antirrhinum majus.*
Dictamnus Fraxinella.	*Papaver somniferum.*
Lablab vulgaris.	*Polygonum orientale.*
Hedysarum coronarium.	*Callistephus sinensis.*
Quamoclit coccinea.	*Centranthus macrosiphon.*
Phaseolus coccineus.	*Viscaria oculata.*
Primula prœnitens.	*Erica vulgaris.*
— — *fimbriata.*	— *cinerea, etc., etc.*
Centranthus ruber.	

II. Plantes *violettes* ou *lilas*, appartenant de même à la série cyanique, qui ont produit des variétés blanches et sans espoir d'obtenir d'elles des variétés *jaunes*.

Hesperis matronalis.	*Amberboa moschata.*
Leptosiphon androsaceus (1).	*Collinsia bicolor.*
— *densiflorus.*	*Datura fastuosa.*
Linaria bipartita.	*Matthiola annua.*
Pentstemon gentianoides.	*Ionopsidium acaule.*
Gomphrena globosa.	*Viola odorata.*
Campanula Speculum.	

---

(1) Cette plante fait exception à la règle. Nous avons vu précédemment que les *Leptosiphon* hybrides de MM. Vilmorin proviennent du métissage du *L. androsaceus* type, par le pollen de ses variétés jaunes et orangées.

III. Plantes à fleurs *bleues* (série cyanique), qui ont varié au blanc et qui ne pourront produire des variétés jaunes.

Myosotis alpestris.
Nemophila insignis.
Polemonium cœruleum.
Aconitum Napellus.
Brachycome iberidifolia.
Browallia elata.
Delphinium Ajacis.
— *ornatum.*
Lupinus nanus.

Campanula pyramidalis.
— *medium.*
— *Loreyi.*
— *pentagonia.*
Commelyna tuberosa.
Veronica syriaca.
Galega officinalis.
Gilia capitata.
Linum perenne.
Lupinus polyphyllus.

IV. Plantes à fleurs *jaunes* ou *orangées*, appartenant à la série xanthique, qui ont produit des variétés blanches sans que nous puissions en espérer de *bleues*.

Mimulus luteus.
— *speciosus.*
Chrysanthemum coronarium.
Schortia californica.
Primula acaulis.

Helichrysum bracteatum.
— — *nanum.*
Thunbergia alata.
Dahlia variabilis.
Primula elatior.
— *Auricula.*

Comme on le voit, les variétés blanches sont nombreuses ; elles sont une nouvelle confirmation de la règle que nous avons posée dans les pages précédentes : que le nombre des variations est en raison de celui des semis. En effet, de l'irrégularité qui règne dans le nombre des exemples que nous avons cités dans les 4 groupes qui précèdent on ne doit et ne peut conclure que telle ou telle couleur est plus apte que telle autre à produire des variétés blanches ; car, si le nombre de ces variétés issues de plantes à fleurs jaunes est comparativement moindre que celui des autres variétés, la cause en est à ce que les plantes à fleurs jaunes cultivées dans nos parterres sont presque toutes des végétaux vivaces, et *conséquemment celles qu'on propage le moins par semis.*

Cette prédisposition à se colorer en blanc se produit non-seulement dans les fleurs unicolores, mais encore dans les plantes tricolores. Dans ces dernières, on le conçoit du reste, la couleur blanche est déjà plus ou moins prononcée, de sorte que la substitution doit se produire plus aisément.

Ainsi les *Mesembryanthemum tricolor*,

Convolvulus tricolor,

et *Gilia tricolor* nous en fournissent des exemples.

Si les différentes couleurs que nous venons d'indiquer produisent facilement la coloration blanche, il n'en est pas de même de la tendance de celle-ci à en produire d'autres. Rarement, en effet, a-t-on vu une plante à fleurs d'un blanc pur donner naissance à une variation de couleur quelconque capable de se reproduire de semis. Nous n'en connaissons aucun exemple dans les plantes annuelles : les *Iberis amara*, *pinnata*, *Petunia nyctaginiflora*, etc., etc., qu'on cultive depuis très-longtemps, ont toujours résisté aux variations de coloration. Parmi les végétaux vivaces, ce caractère est non moins frappant pour la totalité d'entre eux ; cependant, on cultive un Muguet rose et le Lis ensanglanté ; ce sont les seuls exemples que nous puissions en citer. Dans les arbres, nous constatons encore le même fait. La grande majorité des types à fleurs blanches sont restés inébranlables. Nous n'avons à signaler, comme ayant produit une autre coloration, que les Orangers et les Citronniers, et cet autre exemple bien curieux que M. Decaisne a fait connaître à la Société botanique de France, de la découverte d'une variété rose de *Robinia Pseudoacacia*, trouvée par M. Villevielle, pépiniériste à Manosque, dans un semis de *Robinia* ordinaire.

Une fois obtenue, la coloration blanche peut servir, soit par le métissage, soit par l'hybridation, à la production de variations nouvelles ordinairement intermédiaires entre elle et la couleur d'où elle est sortie. C'est par de semblables métissages qu'il faut sans doute expliquer dans nos jardins la présence des prétendues Phlox hybrides, ainsi que celle du plus grand nombre des plantes désignées comme telles par les fleuristes. C'est aussi par l'hybridation que les horticulteurs parviennent à créer des individus présentant des coloris différents de ceux des parents, mais toujours intermédiaires entre eux. Ainsi, c'est en fécondant l'*Amaryllis brasiliensis* dont on ne possédait que des variations de coloris sombres ou intenses, par le pollen d'une autre espèce à fleurs d'un ton clair, l'*Amaryllis vittata*, que MM. Souchet père, jardinier en chef au palais de Fontainebleau, et Truffaut fils, de Versailles, obtinrent une série de formes hybrides qui ont hérité à des degrés différents de la coloration de leurs parents.

Inutile de multiplier les exemples; nous nous bornons à reconnaître à nouveau que l'hybridation est un puissant auxiliaire pour la production de *variations* de coloris, et que le métissage produit les mêmes effets; cependant, pour ce dernier, nous ne le considérons que comme activant celui qu'on obtiendrait naturellement par les semis dans un espace de temps plus ou moins éloigné, par suite de l'affollement qui résulte chez les plantes de la répétition fréquente des semis.

On ne connaît en aucune façon la cause qui peut modifier une couleur de manière à la faire passer au blanc. L'obscurité, on le sait, peut déterminer le blanchiment des couleurs les plus intenses. Lorsque, par exemple, les gelées sévissent plusieurs jours et qu'on est obligé de maintenir des paillassons sur les panneaux des châssis, on remarque, après quelques jours seulement, que les fleurs du *Pelargonium inquinans*, qui sont d'un rouge si vif et si brillant quand elles se développent à la lumière, deviennent ternes, pâles, et semblent visiblement maladives. Il en est de même pour les autres plantes qui ne peuvent supporter l'hiver sous notre climat, et que, pour cette raison, on hiverne sous châssis.

On sait aussi que, pour obtenir de très-beau Lilas blanc, M. Laurent force de préférence un lilas coloré. Or, cet infatigable horticulteur n'hésite pas à voir dans l'obscurité la cause essentielle du blanchiment de la corolle. D'ailleurs, l'expérience lui a appris que, sans l'obscurité, il lui serait impossible d'obtenir du Lilas incolore. C'est encore pour empêcher la décoloration de ses Roses, que, deux ou trois jours avant l'épanouissement des fleurs, le même horticulteur enlève les panneaux de bois qui recouvrent les vitres de ses serres.

Si donc il est vrai que l'obscurité soit ici la cause essentielle de la décoloration, on ne peut l'admettre pour les variétés blanches de nos jardins, qui naissent tout à fait en dehors de cette cause et qui, de toutes les variations possibles, sont celles qui se fixent le plus promptement.

C'est dans ce même ordre de faits que nous placerons celui relatif au changement que revêt la coloration des fleurs de certains végétaux, notamment des *Hortensia* et de quelques variétés roses de Camellia imbriqué.

A quelle cause peut-on attribuer le bleuissement de ces fleurs? Si l'on parcourt nos annales horticoles, on verra que les causes auxquelles on l'attribue sont aussi nombreuses que contradictoires.

Rappelons d'abord que les *Hortensia* bleus peuvent revêtir cette coloration pendant plusieurs années, et, dans le même terrain, redevenir roses, puis retourner au bleu, et offrir ainsi des fleurs alternativement bleues et roses ; que parfois, sur un même végétal, on constate la présence de ces deux colorations sur des rameaux distincts, et qu'enfin les fleurs d'*Hortensia* revêtent presque constamment la coloration bleue dans certaines localités, tandis que, dans d'autres, ce caractère n'existe jamais.

Les Anglais obtiennent des *Hortensia* bleus en les plantant tout simplement dans de la terre de bruyère. En France, nous n'en obtenons que très-rarement dans ces conditions. Cependant, M. Carlier a dit avoir obtenu des H. bleus en employant de la terre de bruyère des environs de Roye (1), et M. Pépin a assuré qu'on en obtenait aisément en se servant de la terre de bruyère de bois au-dessus de laquelle les bûcherons ont fait du charbon.

M. Rossignon a attribué à la présence dans le sol de l'acide ulmique la cause du bleuissement des *Hortensia* (2).

On a dit aussi que ce changement de coloration résulte de la présence dans la terre d'une certaine quantité de fer à l'état d'oxyde. Cependant M. E. Gris, qui a eu plusieurs fois occasion de soumettre à l'action du sulfate et du chlorure de fer un grand nombre d'*Hortensia*, soit pour combattre la chlorose, soit pour en exciter la végétation, a remarqué que les individus ainsi traités produisaient des fleurs très-roses et jamais bleues (3).

Cette observation ne prouve pas que la présence du fer dans le sol ne soit pas nécessaire au bleuissement des fleurs de l'*Hortensia*,

---

(1) *Revue horticole*, 1847, p. 115.

(2) Paquet, *Journal d'hort. prat. et de jard.*, I, p. 79.

(3) *Revue horticole*, 1846, p. 344.

mais elle démontre seulement que cette cause seule ne suffit pas.

Après quelques expériences tout à fait opposées et qui produisirent cependant un résultat identique, le docteur Lindley s'est demandé si la teinte bleue ne proviendrait pas de l'action du tannin sur une solution de peroxyde de fer qui existerait dans le tissu de cet arbuste. S'il en était ainsi, continue l'illustre botaniste, tous les mystères seraient expliqués, et on obtiendrait du bleu artificiellement, en arrosant d'abord pendant quelques jours avec une solution étendue de peroxyde de fer, et en donnant ensuite une solution faible de tannin, comme on peut l'obtenir en mettant dans l'eau pendant quelques semaines de la terre de bruyère, du bois, des feuilles, de l'écorce de chêne (1).

Enfin, un chimiste distingué du Muséum, M. Terreil, qui s'occupe depuis quelques années de cette question, pense que la coloration rouge étant le résultat de la présence d'un acide ou d'un composé acide, le bleu se produit quand on parvient à saturer cet acide; c'est ce qui arrive naturellement dans les fleurs roses qui bleuissent en vieillissant. Il pense donc qu'il faudra déposer dans le sol un corps réducteur, ou plutôt un corps pouvant brûler facilement les matières organiques de la terre, de telle sorte que l'azote de ces matières fournisse de l'ammoniaque à l'état naissant qui saturera les acides; ce corps pourra être le peroxyde de fer, ou bien encore de la craie arrosée avec de l'eau chargée d'acide carbonique.

Dans des expériences faites avec du minerai de fer du Berry réduit en poudre et mélangé à de la craie en parties égales, il est arrivé à rendre bleu le point central de la fleur. L'expérience avait été faite tardivement, mais il ne doute pas qu'en s'y prenant plus tôt, il n'arrive cette année à bleuir complétement et à volonté.

DES FLEURS PANACHÉES.

Jusqu'à présent nous ne nous sommes occupé que de la transformation complète en couleur blanche ; examinons celle qui n'est que partielle et qu'on désigne sous le nom de *Panachures*.

---

(1) *Journal de la Soc. d'Hort. de Paris*, 1857, p. 759.

Il y a longtemps déjà qu'on a constaté la présence des panachures dans les fleurs cultivées ; depuis longtemps aussi on a remarqué, sans en donner l'explication, que les panachures étaient plus
fréquentes dans les plantes ayant des variétés blanches. Mais ce
n'est que depuis dix ans environ qu'il est dû à un Français,
M. L. Vilmorin, d'avoir fait connaître la manière dont la nature
procède pour la production des fleurs panachées. Ce savant
expérimentateur constata que, pour obtenir une variété panachée,
la règle était que la plante à type coloré donnât d'abord naissance à une variété à fleurs blanches, et qu'ensuite la panachure
se présentait dans cette variété en retour à son type coloré.
La première formation de ce genre qui fut observée par lui fut
celle du *Convolvulus tricolor*, et il vit naître successivement,
d'après le même procédé, dix exemples de panachures. M. Vilmorin n'a jamais observé qu'une fleur panachée naquît directement d'un type coloré, et il a ajouté que la couleur jaune unie joue
dans la panachure le même rôle que le blanc. Ces remarques con-
firment celles qui ont été indiquées au commencement de ce siècle
par Féburier, dans l'excellent dictionnaire de Déterville. A l'ar-
ticle Tulipe, cet auteur dit : « Que les Tulipes à fond blanc se pa-
nachent plus tôt que les fonds de couleur et que l'expérience qui a
donné cette connaissance aux amateurs doit les déterminer à les
semer séparément, parce qu'ils peuvent, la neuvième année du
semis, jeter tous les oignons provenant de fonds blancs qui ne se
sont pas panachés, au lieu que, mêlés aux semences de fonds de
couleur, ils seraient contraints de les conserver 15 ans. »

Parmi les variétés observées par M. Vilmorin, sept étaient déjà
assez complétement fixées pour qu'on pût les reproduire d'une
manière assurée par graines ; c'étaient, dans l'ordre de leur obtention :

L'Amarantoïde panachée ;	La Belle de jour panachée ;
Le **Muflier** panaché fond blanc ;	La Némophile remarquable ;
	Le Pourpier à grandes fleurs ;
Le **Muflier** panaché fond jaune ;	Le *Delphinium Ajacis*.

A l'égard de ce dernier, M. Vilmorin dit qu'il n'était pas né directement de la variété blanche, mais qu'il s'était présenté dans

une variété lilas très-pâle en retour vers le type violet clair dont elle était primitivement sortie.

Trois autres variétés panachées s'étaient montrées récemment et n'avaient pas été l'objet d'essais ayant pour but de les fixer; c'étaient les *Clarkia pulchella*, *Browallia erecta* et *Commelina tuberosa*. Enfin une seule, le *Zinnia elegans* avait toujours résisté aux tentatives que M. Vilmorin avait faites pour la fixer. « Dans nos semis de *Zinnia elegans*, dit M. Vilmorin, il apparaissait presque chaque année des fleurs présentant quelques pétales panachés en violet pourpre, nuance du type de cette espèce; mais lorsque nous avons resemé les graines provenant des fleurs qui avaient offert cette variation, nous n'avons obtenu que des fleurs unicolores, et, contrairement à ce qui a lieu presque toujours dans ce cas, appartenant pour la plupart à la variété blanche. »

Aux variétés panachées que nous venons de citer, nous pouvons ajouter les suivantes qui se sont produites ces dernières années dans les cultures de MM. Vilmorin, et dont la fixation est aujourd'hui un fait accompli; ce sont :

Le *Clarkia pulchella marginata*, précédemment indiqué comme n'ayant pas été fixé;

La *Primevère de Chine blanche panachée de rose*, dont la formation concorde parfaitement avec la loi indiquée par M. Vilmorin;

Le *Lobelia Erinus marmorata*, qui est né d'une variété bleu-clair en retour vers son type bleu-violet.

Les observations de M. Vilmorin sur la formation des variétés panachées doivent éveiller l'attention des horticulteurs. Il nous semble que, par la fécondation artificielle, ils pourraient peut-être aussi obtenir des variétés panachées chez des espèces qui n'en possèdent pas encore. Nous ne pensons pas que des expériences dans ce sens aient été tentées en France; mais elles le furent par un Allemand, M. A. C. (1), qui avait reconnu aussi la marche que suit la nature pour produire ces variétés. Cependant l'expérience suivante qu'il rapporte tendrait à prouver que ce moyen ne donnera pas à coup sûr les résultats recherchés :

« Depuis longtemps, dit M. A. C., je désirais vivement obtenir

____

(1) *Journal de la Société d'Horticulture* de Paris, 1857, p. [illegible].

une variété de Gloxinia panachée de bleu ou de rouge sur fond blanc ; pour essayer d'arriver à ce résultat, je pris un très-beau pied de *Gloxinia caulescens candidissima* que j'avais vu ne produire jamais de graines sans fécondation artificielle. J'en fécondai les fleurs avec du pollen de *Gloxinia caulescens cœrulea*, et j'obtins un grand nombre d'excellentes graines. Celles-ci donnèrent environ 1000 jeunes pieds que je cultivai avec soin et qui fleurirent successivement depuis le commencement de juillet jusqu'à la mi-octobre ; tous ne portèrent que des fleurs parfaitement bleues ; pas une seule blanche ni une seule panachée, bien que les fleurs de la plante mère fussent d'un blanc pur. Sans se laisser décourager par cet échec, M. A. C. féconda ensuite une fleur du même pied de *Glóxinia caulescens candidissima* avec le pollen du *Gloxinia caulescens grandiflora rubra*. Le résultat fut le même : tous les pieds venus du semis des graines ainsi produites eurent les fleurs entièrement bleues. »

Cette expérience semblerait en effet indiquer que, dans certains cas, la production des panachures serait assez difficile à obtenir par ce moyen ; mais elle ne prouve pas qu'en la variant et en la réétant, non pas entre les mêmes plantes, mais avec les descendants de ces parents, on n'aurait pu y arriver. Pour nous, nous sommes porté à croire que de nouveaux essais auraient pu donner de bons résultats, surtout si l'on avait interverti les rôles et pris le pollen sur la variété à fleurs blanches pour le porter sur celles à fleurs roses et blanches.

La fixation des variétés panachées s'obtient de la même manière que nous l'avons indiqué pour les diverses variations que nous avons examinées, c'est-à-dire par une sélection raisonnée. Toutefois, il y a ici quelques différences avec le procédé ordinaire : ce n'est pas la variation la mieux panachée qu'on doit choisir de préférence, mais bien, ainsi que l'a remarqué M. Vilmorin, celle qui se rapproche le plus du type incolore, c'est-à-dire dans lequel les fonds blancs dominent. Une autre observation intéressante de M. Vilmorin, c'est que les variations panachées ne s'observent que quand on est arrivé à fixer la variété blanche, et il décrit ainsi leur développement successif : elles apparaissent d'abord sous la forme de lignes qui n'occupent guère qu'un dixième ou un

vingtième de la surface blanche totale ; mais, à la seconde génération, elles deviennent très-abondantes, et parmi les individus il y en
a même dont les fleurs sont entièrement colorées.

Quelque bien fixées qu'elles soient, les panachures sont loin de
conserver leur caractère comme les variétés de coloration uniforme. Dans la plupart des cas, il suffit que ces plantes soient cultivées non loin de celles qui les ont produites pour que ce voisinage entraîne un bouleversement bien manifeste dans leur stabilité. C'est ainsi que le *Convolvulus tricolor* panaché ne se conserve
pur que lorsqu'il est cultivé à une assez grande distance du *C. tricolor* ordinaire. Il en est de même pour le *Nemophila insignis*, qui
reproduit presque toujours des individus à fleurs entièrement
bleues ou blanches. Enfin cette tendance qu'ont les variétés panga-
chées à rentrer dans le type coloré s'est manifestée chez des
plantes dont la fixation était depuis longtemps assurée. Ainsi,
parmi les plantes panachées qui sont cultivées chez MM. Vilmorin, les *Antirrhinum caryophylloides* rose et blanc, rouge
et jaune étaient certainement l'une des mieux fixées. Or, tant
que ces variétés furent cultivées isolément, et loin d'autres
variétés de la même espèce, leur constance n'a pour ainsi dire pas
dévié. Mais un jour, alors que par mégarde on avait laissé non loin
d'eux plusieurs autres Mufliers, elles subirent tellement l'influence
de ce voisinage que leurs graines n'ont produit que des *Antirrhinum* qui ont entièrement cessé d'être panachés.

Depuis cette époque il n'a pas été possible de rendre à ces variétés la même stabilité qu'elles présentaient auparavant, c'est-à-
dire que, malgré une sélection rigoureusement pratiquée, leurs
semis produisent toujours, dans de faibles proportions il est vrai,
des individus à fleurs non panachées qu'il est d'ailleurs facile
d'exclure avant la floraison, en ce que leurs feuilles primordiales
ne sont pas tachées ou maculées, comme elles le sont dans les variétés panachées.

Nous ne connaissons aucune plante qui, à l'état spontané, présente des variétés à fleurs panachées ; mais elles se trouvent abondamment dans les végétaux cultivés : les Balsamines, les Camellias,
les Roses nous en fournissent un exemple.

Lorsque les panachures de fleurs se présentent accidentellement sur les arbres ou arbustes, leur propagation se fait de boutures ou de greffes ; mais, dans ce cas, ces variations sont peu constantes. Pourtant on a remarqué que, dans les fleurs de *Camellia,* lorsque les panachures n'occupaient que le bord des pétales, qu'elles étaient marginales en un mot, elles se conservaient facilement, tandis que lorsqu'elles étaient réparties sous forme de stries sur toute l'étendue du limbe des pétales, elles disparaissaient promptement.

Dans les fleurs de Camellias, l'instabilité des panachures a été souvent remarquée. Ainsi, dans les *Annales de Flore et Pomone,* 1844-45, M. Jacquin a cité un *C. imperialis* qui avait constamment donné, depuis 12 ans, des fleurs d'un blanc éclatant rehaussé de stries et de panachures roses, ainsi que cette variété les montre habituellement, et sur lequel une année il remarqua une petite branche qui produisit à son extrémité trois fleurs groupées l'une près de l'autre et que teignait un joli coloris rose uniforme et de la même nuance que celle des stries ou panachures des autres fleurs.

Il est évident, dans ce cas, que les colorations se disjoignaient et que cette variation retournait par disjonction à son type coloré, comme nous l'avons indiqué pour certaines plantes d'origine hybride.

On a signalé, sans en donner l'explication, que le *Camellia japonica variegata* donnait presque toujours des fleurs panachées quand il fleurissait en novembre et décembre et des fleurs non panachées lorsqu'il fleurissait en avril. Un fait analogue fut signalé par M. Soulange-Bodin (1) qui, en visitant le marché aux fleurs remarqua que les Camellias à fleurs panachées de rouge et de blanc, avaient moins de rouge que n'en ont les mêmes fleurs lorsqu'elles s'épanouissent en février.

M. Féburier expliqua ce fait en rappelant que le froid ou la basse température est contraire au développement des couleurs vives. Bien que cette explication ne satisfît point Poiteau, qui avait remarqué que la haute et basse température étaient généralement nuisibles à la floraison du Camellia, nous croyons cependant que

---

(1) *Annales de la Soc. d'Hort.* Paris. XVI, p. 4.

l'opinion de Féburier pourrait être exacte et l'observation suivante la confirmerait.

L'année dernière, un pied d'*Ipomœa Learii,* cultivé en pleine terre
le long de la terrasse du Pavillon tempéré du Muséum, a produit
un nombre considérable de ces belles et grandes fleurs bleues qui
caractérisent cette espèce. Au mois d'octobre, le lendemain d'une
nuit un peu froide, nous fûmes surpris en voyant que le coloris
des fleurs s'était entièrement modifié en prenant une teinte manifestement *rose.* Plus tard la température devint plus élevée, de
nouvelles fleurs se développèrent et toutes revêtirent la couleur
bleue caractéristique de cet *Ipomœa.*

Cette observation démontre donc que l'abaissement de la température est nuisible au développement des couleurs vives. Cependant, pour prouver aussi combien est grande l'incertitude qui règne
à ce sujet, nous rappellerons que la coloration des fleurs des plantes alpines augmente d'intensité au fur et à mesure qu'on s'élève
vers les régions supérieures. Le *Rhododendron ferrugineum,* l'*Ononis
fruticosa,* la plupart de nos Gentianes, l'*Hutchinsia rotundifolia* et
beaucoup d'autres ont certainement, dans ces conditions, des fleurs
de couleurs plus vives, plus intenses que celles des mêmes espèces
cultivées dans les jardins.

DES VARIATIONS PONCTUÉES.

Si des panachures nous passons aux variétés ponctuées, nous verrons qu'ici encore la nature suit la même marche, à cela près
toutefois que ces variations se présentent presque toujours sur un
fond jaune uni.

Dans une notice sur l'hybridité, M. L. Vilmorin a émis cette
idée que nous partageons entièrement, que le *Mimulus rivularis*
pourrait bien être l'origine de la plupart des variétés de *Mimulus*
cultivées dans les jardins. Voici comment M. Vilmorin a expliqué
la formation successive de ces variétés : « L'espèce (*M. rivularis*)
est d'un jaune clair, marqué à la gorge de légères ponctuations ;
par la culture, ces ponctuations, qui se présentaient d'abord
sous forme de petits points, s'agrandirent et donnèrent alors
naissance à la plante cultivée sous le nom de *M. guttatus* ; dans

cette espèce, les ponctuations s'agrandirent encore et finirent par occuper, sous forme de larges macules, le bord extérieur du limbe (*M. Thomsonianus*). Enfin, chez ce dernier, une chlorose partielle de la fleur s'est présentée, qui a fait disparaître la couleur jaune ; la couleur brune s'est transformée par la disparition de l'un de ses éléments (violet et jaune), et il est resté en définitive une fleur amarante et blanche (*M. speciosus Arlequin*), issu originairement d'une plante à fleurs jaunes. »

Nous pensons que cette théorie sur la formation successive de ces *Mimulus* est bien fondée. Du reste, cette question est assez intéressante pour que, dans le cas où elle laisserait subsister quelques doutes, on se livrât à des expériences dans le but d'en démontrer la légitimité. Ces expériences seraient faciles à entreprendre, puisque le *M. rivularis* type est encore cultivé dans les jardins.

C'est sans doute aussi par le même procédé que la coloration purpurine qui, dans le *Calliopsis tinctoria*, se présente à la base des demi-fleurons sous la forme de petits points, s'est agrandie peu à peu et a produit ainsi le *Calliopsis tinctoria purpurea ;* à son tour, cette variété, en retournant à son type jaune uni, aura laissé quelques traces de sa coloration sur toute la surface des demi-fleurons en produisant le *Calliopsis tinctoria marmorata*. Il a dû en être de même pour la formation du *Cosmidium Burridgeanum* sorti originairement du *C. filifolium* à fleurs jaune uni.

Si les variétés à fleurs panachées sont difficiles à fixer, les variétés ponctuées qui n'en sont qu'une modification se font également remarquer par leur tendance extrême à retourner à leur type, et, pour les avoir pures autant que possible, la sélection et l'isolement sont d'une absolue nécessité.

On doit encore rattacher à ces variations celle que présentent quelques plantes à fleurs uni ou bicolores qui, par la culture, deviennent bi ou tricolores, leur formation étant identique. Les exemples sont peu nombreux : pour en citer un, nous rappellerons deux remarquables variétés de *Chrysanthemum carinatum*, qui ont été introduites tout dernièrement dans la culture. Constatons d'abord que le *C. carinatum* type a les ligules blanches, maculées de jaunâtre à la base. Chez le *C. carinatum venustum*, l'une des variétés en question, les demi-fleurons sont d'un blanc pur au sommet et offrent une tache pourpre foncé à la base ; l'autre variété le *Ch. carinatum Burridgeanum* avait les demi-fleurons blancs au sommet, pourpres vers la base et jaunes à l'onglet. Ces deux variétés étaient bien caractérisées par la disposition de leurs couleurs qui formaient deux cercles parfaitement délimités autour du disque qui avait conservé la coloration purpurine de la plante typique.

Ces Chrysanthèmes, que MM. Vilmorin tenaient à conserver, furent soumis à une sélection rigoureuse, et cependant leurs graines ne les reproduisirent pas identiquement. L'année suivante, les mêmes soins furent renouvelés et le résultat fut le même, c'est-à-dire que la moitié environ des individus appartenant aux deux variétés était retournée au type, le *C. carinatum* pur et simple ; enfin à la troisième génération, ces variétés disparurent presque entièrement.

L'impossibilité qu'on a éprouvée à vaincre l'atavisme chez ces plantes, qui étaient cultivées non loin l'une de l'autre et non loin aussi du *C. carinatum* ordinaire, pouvait s'expliquer par le métissage ; nous ne nions pas que l'influence de ce dernier soit étrangère au résultat obtenu, mais nous croyons aussi que cet échec provient en partie de ce que ces variétés étaient d'origine toute récente. En effet, les jardiniers ont remarqué avec raison qu'une plante nouvellement introduite est très-susceptible de varier. Ce fait, on le conçoit, n'a rien qui doive surprendre ; il confirme ce que nous avons dit précédemment : qu'une variété, quelle qu'elle fût, avait besoin, pour être fixée, d'être cultivée pendant un laps de temps plus ou moins grand, jusqu'à ce qu'on fût parvenu enfin à maintenir chez elle la tendance à ne pas s'écarter de l'être qui l'a produite. L'exemple suivant, que nous choisissons parmi un très-grand nombre, parce qu'il est relatif à des plantes récemment introduites, confirmera encore ce fait. Lorsque les *Dianthus sinensis laciniatus* et *D. s. Heddewigii* firent leur apparition dans les jardins d'Europe (il y a cinq ans à peine), ils étaient simples et leurs fleurs présentaient des dimensions vraiment étonnantes avec des coloris des plus remarquables ; à peine cultivés depuis une année et malgré l'isolement auquel ils avaient été soumis, MM. Vilmorin en obtinrent déjà des variétés à fleurs doubles, mais bien moins larges. Depuis lors, ces Œillets ont tellement varié et joué dans ces cultures qu'ils sont devenus méconnaissables, avec des fleurs analogues à celles de nos anciens Œillets de Chine, mais à coloris moins beaux et moins variés. Non-seulement ces belles variétés ne se sont maintenues que pendant peu de temps par le semis, mais encore, cultivées dans le voisinage des Œillets de Chine anciens, elles les ont modifiés peu avantageusement et ont apporté dans leur coloris, leur forme et leurs dimensions, des perturbations notables.

Nous ajouterons à ces détails que MM. Vilmorin n'ont pu conserver à ces deux variétés leurs caractères originaux qu'en les propageant de boutures, comme on le fait généralement pour la conservation des variations qui ne sont pas fixables, ou bien de celles qui, quoique fixées, ne peuvent être soustraites à l'influence du métissage.

Il résulte donc de cette observation que les *Dianthus sinensis laciniatus* et *D. s. Heddewigii* n'étaient encore que des variations qu'on aurait pu indubitablement fixer en les soumettant à une culture *ad hoc*.

4° Fruits.

Les variétés de coloration des fruits sont bien moins nombreuses que celles des fleurs; cette différence provient de ce qu'elles sont moins recherchées. Mais, du moment où les fruits d'une plante offrent un intérêt quelconque, on en voit bientôt naître des variétés de coloration. Nous en avons des exemples dans les arbres fruitiers et dans les plantes potagères : tels sont les *Melons*, les *Courges*, les *Tomates*, les *Aubergines* et les *Piments*.

Nous constatons ici encore que la coloration blanche existe dans presque tous les fruits qui ont varié de couleur ; on la retrouve même dans quelques-unes de nos plantes spontanées; ex. : le Fusain d'Europe, le Fraisier, etc., et à plus forte raison dans les arbustes cultivés : le Sureau, le Houx, le Troëne, etc.

Les fruits panachés sont comparativement rares et nous n'en trouvons des exemples que dans les espèces qui ont subi la décoloration, comme dans les *Cucurbita Pepo, Solanum Melongena*. La formation de ces panachures paraît donc être d'accord avec la règle indiquée par M. Vilmorin.

Les couleurs des fruits se fixent aisément, et leur fixation est d'un stabilité plus grande que celle des fleurs. Il y a cependant quelques exceptions : ainsi, tandis que les Piments, les Aubergines, les Tomates ne se mélangent pas, lors même que les variétés sont cultivées côte à côte, les Melons et les Courges ne reproduisent leurs caractères qu'à l'aide de la sélection la plus rigoureuse.

Nous n'avons aucune indication sur la reproduction par semis des arbustes qui ont produit des variations dans la couleur de leurs fruits; mais les résultats obtenus dans les plantes annuelles nous font supposer qu'on parviendrait aussi à les fixer.

5° *Graines.*

La variation de coloration est un caractère tellement répandu qu'elle se fait remarquer dans toutes les parties des plantes; les graines n'en sont pas exclues. Quoi de plus varié, en effet, que la coloration des graines de quelques plantes potagères, par exemple des Haricots? Il y en a de blancs, de roses, de violets, de rouges, dé noirs; il y en a aussi de panachés, de zébrés, etc. Cette multitude de couleurs est encore une nouvelle preuve du rôle que la culture a joué dans la production des variétés.

Les plantes depuis longtemps soumises à la culture sont loin de présenter toutes dans leurs graines des variations aussi nombreuses ; mais il est à remarquer que les couleurs noire et blanche sont fréquentes.

Peut-on connaître la coloration des fleurs d'une variété à la simple inspection de ses graines? Généralement non; néanmoins il suffit à un œil observateur et exercé d'examiner les graines de nos différentes variétés de Giroflées quarantaines, pour dire, affirmer même que telles graines donneront des fleurs de telles couleurs : blanche, jaune, violette, etc., etc. On sait aussi que les graines blanches du *Pharbitis purpurea* reproduisent toujours les variétés à fonds blancs, tandis que les graines noires donnent naissance à des fleurs foncées; que celles des *Campanula Medium flore albo* et *pyramidalis alba* ont les graines blanches, tandis que celles des plantes types les ont brunes; on sait de même que le *Phaseolus bicolor* a les graines bicolores, etc. Quelquefois la coloration des graines ne coïncide pas avec celle des fleurs. Ainsi le *Lupinus luteus*, dont les graines sont grisâtres, a produit une variété à graines blanches, ne différant du type que par ce caractère. Le *Vicia sativa* a produit la même variation, qu'on retrouve du reste dans le *Cicer arietinum*, etc.

Nous dirons en terminant que la coloration des graines se fixe très-aisément et qu'on arrive à ce résultat en pratiquant encore la sélection et l'isolement.

§ IX. — Des variétés sans coloration ou Albinisme.

1° *Albinisme partiel.*

Ces variations sont assez fréquemment observées aussi bien dans les végétaux spontanés que dans les plantes cultivées. En général, elles atteignent seulement les feuilles, mais, dans quelques cas, elles se généralisent. Ainsi les Poires de Suisse et de Saint-Germain panaché présentent des panachures non-seulement sur les feuilles, mais encore sur les fruits, et les rameaux du dernier offrent également ce caractère.

Il n'existe aucune plante panachée dont on ne connaisse le type non panaché. Il n'y a pas longtemps encore, on aurait pu opposer à cette règle le *Farfugium grande*; on sait aujourd'hui que ce n'est qu'une variété de l'*Adenostyles japonica*. Il en est de même d'ailleurs pour les plantes dont le feuillage est coloré en pourpre, et si, dans quelques cas, nous considérons comme espèces distinctes les plantes qui présentent ce caractère, c'est que nous ne connaissons pas celles dont elles sont sorties. A cet égard nous partageons l'opinion de M. Decaisne qui regarde son *Perilla nankinensis* comme une variété d'une Pérille à feuilles vertes.

Il est généralement admis que la panachure des feuilles est la conséquence d'une maladie; cela peut être vrai pour un certain nombre d'exemples, mais, pour la plupart des cas, l'albinisme partiel se concilie tellement avec tous les caractères de la santé que nous n'attachons pas une importance bien grande à la discussion de cette opinion. Ce qui se passe dans les végétaux nous semble présenter la plus grande analogie avec les cas d'albinisme qu'on rencontre dans le règne animal et que l'on ne considère cependant pas comme une maladie. Nous croyons plus pratique d'assimiler la panachure des feuilles aux variations analogues que présentent les fleurs et les fruits, et comme elles à formation peu connue.

Lorsqu'on peut remonter à l'origine des panachures, on trouve que quelquefois elles s'observent dans les semis; c'est ainsi que M. Van Houtte aurait obtenu un *Weigela* panaché dans un semis de *W. amabilis* (1); mais le plus souvent, chez les arbustes surtout, elles se développent sur quelques parties de leurs rameaux; leur formation, dans ce cas, est analogue à çelle que nous examinerons plus loin sous l'appellation générale de Polymorphisme.

On a dit que lorsque les panachures occupent la partie centrale du limbe ou qu'elles sont réparties sur toute sa surface, elles sont moins constantes que lorsqu'elles n'occupent que le bord, c'est-à-dire qu'elles sont marginales. Nous ne croyons pas que cette distinction sur la constance ou l'inconstance des panachures soit bien fondée, car, dans les exemples que nous citerons plus bas, les panachures se reproduisent identiquement de semis, se fixent même, et cette faculté se présente aussi bien dans les panachures centrales que dans les panachures marginales.

Nous savons qu'en semant des graines de Houx panaché, dont la panachure est répartie assez inégalement sur toute la surface du limbe, M. Carrière n'obtint que des individus chétifs et chlorosés qui moururent un an ou deux après. C'est là un fait qu'il ne faut pas généraliser. Nous avons à lui opposer celui du *Pteris argyræa* qui n'est qu'une variété du *P. pyrophylla* : sa panachure n'occupe que la partie médiane du limbe de la fronde, et cependant on a acquis l'assurance que cette plante se reproduit exactement par semis. Il en est de même pour le *Pteris aspericaulis* var. *tricolor*. Le *Barbarea vulgaris fol. variegatis*, chez lequel la panachure est répartie inégalement sur toute la surface des feuilles, non-seulement conserve bien sa panachure dans les terrains argileux et frais, qui sont ceux où le type croît naturellement et où il semble qu'il doive retourner à ce type, mais encore se reproduit exactement et constamment par le semis. Combien d'exemples n'aurions-nous pas à citer si l'on s'était livré à la propagation de ces végétaux par leur graine !

---

(1) *Journ. Soc. d'hort.*, 1857; p. 320.

Un fait curieux a été observé, c'est pour ainsi dire l'antago-
nisme qui existe entre les variations panachées et les variations à
fleurs doubles; il semblerait que l'une exclut forcément et absolument l'autre si nous n'avions pas un exemple de leur réunion dans
une variété du *Cheiranthus Cheiri* à fleurs violettes, qui est à la
fois double et à feuilles panachées. C'est même cette exclusion de
l'une par l'autre qui avait fait émettre à Ch. Morren, qui la croyait
sans exception, cette théorie que nous devons rappeler, que la duplicature est produite par un excès de santé et l'albinisme partiel
par un affaiblissement des fonctions vitales.

Comme nous l'avons vu, il y a des panachures qui se perpétuent
avec une exactitude parfaite; nous sommes donc autorisé à dire
qu'elles peuvent se fixer et former en définitive des variétés parfaitement caractérisées et qui posséderont au plus haut degré la
faculté de se reproduire de semis. Telles sont par ex. les suivantes
que M. Pépin a déjà indiquées (1).

Cheiranthus Cheiri.	*Celtis australis.*
Barbarea vulgaris.	*Alyssum maritimum.*

L'auteur cite en outre un *Sophora japonica fol. varieg.* existant
dans le parc de Versailles, dont les graines produisent toujours plus
d'individus panachés que de non panachés.

A ces espèces on peut ajouter les *Pteris argyræx* et *tricolor* dont
nous avons parlé.

M. Jacques a dit avoir trouvé et cultivé un *Lychnis dioica* femelle
à feuilles panachées; il le féconda et deux de ses capsules amenè-
rent leurs graines à maturité. Dans le nombre des individus qui en
provinrent trois furent aussi bien panachés que leur mère, bien
que le père fût unicolore. Un fait semblable a été observé par lui
sur un pied de *Campanula Medium.*

Sous le rapport de leur persistance, les panachures offrent des
différences très-sensibles : ainsi, chez les végétaux suivants, elles
peuvent être constantes pendant une année et ne reparaître sur le
même pied que 2 ou 3 ans après :

---

(1) *Journ. Soc. d'Hort. de Paris,* 1863; p. 453.

Lilium candidum,	*Hemerocallis fulva.*
Convallaria maialis.	*Aconitum Napellus.*
Bellis silvestris.	*Galeobdolon luteum.*
Phalaris elegantissima.	*Phlox decussata.*
Fritillaria imperialis.	*Colchicum autumnale,* etc.

Chez le Fraisier, la panachure peut même s'obtenir pour ainsi dire à volonté; ainsi tant que cette plante est cultivée dans un terrain un peu sec, la panachure demeure constante, mais si d'un terrain sec et aride on la transporte dans un sol frais ou humide, sa panachure disparaît promptement. Ne serait-il pas possible qu'en habituant ce Fraisier à vivre dans un terrain sec pendant une longue suite d'années, on arrivât à l'obliger de conserver ce caractère lorsqu'on le transportera dans les terrains frais?

Le même fait se présente dans les *Mentha piperita, Solanum Dulcamara, Saxifraga umbrosa, Veronica gentianoides,* etc.

Dans quelques cas, chez les arbustes à feuilles panachées, comme les *Evonymus japonicus aureus* et *argenteus,* l'*Ilex Aquifolium,* le *Buxus sempervirens,* l'*Aucuba japonica,* etc., on remarque des parties de rameaux ou des ramifications entières qui sont tout à fait dépourvues de panachures.

Pour exemples de panachures plus constantes et se reproduisant en général bien fidèlement et indéfiniment d'éclats, boutures, marcottes et greffes, nous citerons :

Biota aurea.	*Symphytum asperrimum.*
Phalaris arundinacea.	*Astrantia major.*
Arundo Donax.	*Agave americana.*
Sedum carneum.	*Negundo fraxinifolium.*
Vinca major var elegantissima.	*Cissus heterophylla.*
Tussilago Farfara.	*Molinia cœrulea.*

Un fait qu'on remarque assez souvent, c'est que les panachures ne se montrent pas sur les premières feuilles d'une variété panachée; par exemple le *Symphytum asperrimum* ne devient réellement bien panaché qu'un mois ou deux après la naissance de ses premières feuilles. Les *Caladium* panachés qu'on a récemment introduits dans les cultures, présentent également cette particularité qu'on retrouve du reste dans certaines Fougères, et, à l'égard des

Caladium précités, nous ne sachons pas qu'on ait essayé de les multiplier de semis, mais nous pensons que, si on en faisait l'expérience, on obtiendrait indubitablement de nouvelles variations. Ceci n'est cependant qu'une hypothèse ; mais botaniquement nous considérons tous les *Caladium* en question comme n'étant que des variations d'une même espèce, et pour appuyer notre supposition, nous nous fondons sur les résultats obtenus chez une plante qui, à peine cultivée depuis 4 ans, a déjà produit par les semis, un nombre illimité de variations ; nous faisons allusion au *Begonia Rex*.

Nous ignorons complètement les causes sous l'influence desquelles se forment les variations panachées de blanc : on ne sait rien pour celles qui se sont produites dans les jardins, si ce n'est que ce sont des accidents, des *lusus* ; et celles que l'on a rencontrées chez les végétaux spontanés ont été trouvées dans les conditions les plus diverses de stations. Quant aux moyens à employer pour les fixer, ils ne diffèrent pas de ceux dont nous avons parlé précédemment. Cependant lorsqu'on a recours au semis, il est un point sur lequel nous ne sommes pas éclairés, c'est le sens dans lequel doit être pratiquée la sélection ; il nous semble probable qu'il ne faudrait pas choisir les individus les plus décolorés pour porte-graines, de peur de voir la génération s'éteindre par un albinisme complet.

On a remarqué depuis bien longtemps que plus la proportion de l'albinisme augmentait, plus on éprouvait de difficulté à le propager de boutures. On peut avec M. A. P. H. (1) expliquer cette particularité par ce fait que les parties vertes des plantes ont seules la faculté de former la séve élaborée ou la matière organique qui donne lieu à la production des racines dans les circonstances favorables. De là découle naturellement cette conséquence que, moins il reste de parties vertes sur les feuilles, plus la reprise est difficile. On doit donc laisser aux boutures de ces plantes autant de feuilles que possible.

2° *Albinisme complet ou Chlorose.*

La décoloration complète des tissus des végétaux est l'indice

____

(1) *Gardeners' Chron.*, 11 août 1868.

d'une altération profonde de ces tissus, et, quoi qu'on fasse, il est impossible de les propager.

Comme ces modifications n'ont aucun intérêt au point de vue de l'ornement, nous ne nous y arrêterons pas davantage. Nous allons seulement indiquer différentes plantes chez lesquelles on les observe assez fréquemment et qu'il a toujours été impossible de propager.

Le *Vinca major elegantissima* produit souvent des branches de 0^m20 à 0^m30 de long, tout à fait blanches, ainsi que les feuilles, la chlorophylle ayant entièrement disparu. Ces rameaux bouturés n'émettent aucune racine.

L'*Hydrangea japonica variegata* donne assez souvent des rameaux entièrement blancs, de longueur à être aisément bouturés. Les tentatives ont toujours été vaines.

Le *Sedum carneum variegatum* offre fréquemment des tiges et des feuilles entièrement décolorées; même insuccès dans le bouturage.

Le *Veronica Teucrium* panaché présente quelquefois des tiges et des feuilles tout à fait blanches; jamais cet albinisme n'a pu être propagé, bien que les tiges ainsi décolorées fussent souvent pourvues de racines.

L'*Aucuba late maculata* a offert, dans les cultures de M. Pelé, fils, une tige entièrement jaune ainsi que ses feuilles; elle fut bouturée sans succès.

Le *Chrysanthemum indicum* est dans le même cas et les plantes suivantes le répètent :

Cheiranthus Cheiri.	*Euphorbia dulcis.*
Epilobium hirsutum.	*Mentha rotundifolia.*

Quelquefois cependant l'albinisme le plus complet n'empêche pas le bouturage. Ce fait peut se vérifier sur le *Glechoma hederacea variegata* : les boutures émettent des racines, les plantes végètent; mais, chose curieuse! la décoloration disparaît spontanément et les feuilles reprennent leur teinte verte normale.

La décoloration complète se présente aussi dans les espèces arborescentes sans qu'il soit possible de les propager de boutures ou de greffes ; ainsi c'est toujours en vain qu'on a essayé de multiplier des rameaux entièrement jaunes ou blancs de *Negundo fraxinifolium variegatum*.

De ce qui précède on peut conclure qu'il résulte de l'albinisme complet une incapacité, pour la partie qui en est atteinte, de se suffire à elle-même ; on est donc en droit de le considérer comme un état morbide de l'individu. Nous citerons comme un cas dans lequel cet état maladif est bien appréciable, celui rapporté par M. Pépin, dans le *Journal de la Soc. d'Hort.* de 1853. Un *Cerasus Laurocerasus panaché*, planté dans une terre peu profonde, poussa avec vigueur pendant 3 ans ; mais lorsque les racines pénétrèrent dans le sous-sol composé de calcaire pur, les feuilles redevinrent entièrement vertes.

Rappelons aussi les belles expériences de M. E. Gris pour la guérison de la Chlorose ; elles démontrent encore que ces décolorations résultent bien d'un état languissant des plantes, puisque, en les soumettant à l'action d'un sel soluble de fer, M. E. Gris est arrivé à faire reparaître la coloration verte.

Jusqu'ici nous avons examiné les variations que peuvent revêtir les différentes parties d'une plante sans que ces parties aient subi aucun changement profond dans leur forme. Examinons maintenant, en commençant par les fleurs, les modifications et les transformations que peuvent présenter les différents organes des végétaux.

§ X. — Des variétés par dédoublement ou par transformation de l'androcée et du gynécée en organes pétaloïdes, ou des variétés à fleurs doubles.

On sait assez ce qu'on entend par fleurs doubles pour que nous n'ayons pas besoin d'insister sur ce sujet. Cependant, au point de vue de l'horticulture, elles présentent entre elles des différences qu'il est nécessaire d'indiquer.

La duplicature peut ne porter que sur les organes protecteurs (calice et corolle) de la fleur, qui se seront amplifiés et dédoublés, les étamines et le pistil restant intacts, et alors nous avons des plantes qui sont aptes à produire des graines. Il arrivera cependant le plus souvent qu'en vertu du balancement organique, celles-ci seront moins nombreuses, les plantes graineront moins.

Quand la duplicature portera sur les organes reproducteurs, selon que ceux-ci seront plus ou moins altérés, nous aurons des fleurs plus ou moins fertiles ; si la transformation pétaloïde est complète, si la fleur est *pleine* par conséquent, il est inutile de dire que la fécondité aura entièrement disparu. Selon que cette transformation sera plus ou moins incomplète, au contraire, nous aurons des fleurs plus ou moins fertiles ; ainsi le gynécée pourra rester intact, les étamines ayant disparu, et alors les graines ne pourront naître que sous l'influence d'un pollen étranger ; ou, au contraire, il pourra rester tout ou partie des étamines, le gynécée s'étant profondément modifié, et il ne restera plus, à proprement parler, qu'une fleur mâle, inapte par conséquent à se reproduire.

Ce sont là les modes les plus tranchés de duplicature. Ajoutons encore que ces modes pourront se combiner de toutes les manières possibles.

Comme exemple le plus simple de duplicature, portant seulement sur les organes protecteurs, nous citerons cette curieuse forme de *Primula elatior,* chez laquelle le calice s'est agrandi, coloré et a pris la forme d'une véritable corolle ; celle-ci existe encore, de sorte qu'on dirait deux corolles emboîtées l'une dans l'autre ; assez souvent même il s'en développe par dédoublement une troisième, ce qui constitue un assemblage des plus singuliers. Cette transformation se présente aussi dans le *Primula acaulis.* Le plus souvent ces plantes sont stériles, bien qu'ayant conservé des étamines et un pistil. C'est du reste l'un des rares exemples que nous connaissions de duplicature aussi simple.

Nous trouverons par contre, dans une foule de plantes doubles, des exemples bien caractérisés des autres formes. Comme fleurs parfaitement pleines nous citerons l'Anémone Sylvie, la Ronce, le Bouton d'argent, etc. Les Pivoines nous présentent, selon les variétés, des fleurs tout à fait pleines, ou ne présentant plus que des étamines sans trace d'ovaires, ou plus rarement des ovaires mal formés, il est vrai, sans étamines ; en même temps nous trouvons sans modifications le calice et la corolle. Dans les *Petunia* doubles, l'ovaire ne contient plus que des ovules mal formés, et même le plus souvent remplacés par des étamines ; les étamines normales se sont dédoublées et transformées presque complétement en pétales : une partie de ceux-ci portent soit des rudiments d'anthères, soit des anthères bien formées.

Il est inutile de multiplier ces exemples, dont les conséquences sont faciles à tirer pour le mode de reproduction et de multiplication de ces variations. Notons seulement encore que plus les étamines seront nombreuses, plus sera grand en général le nombre des pièces pétaloïdes qui se produiront dans la fleur.

Les fleurs des Composées qu'on désigne aussi dans le jardinage sous le nom de fleurs doubles, n'en sont pas, à proprement parler. Par exemple, dans une fleur simple de Paquerette, on observe, en outre d'un grand nombre de demi-fleurons placés à la circonférence, qui sont autant de fleurs distinctes, de nombreux fleurons qui sont aussi autant de petites fleurs parfaitement conformées et possédant chacune les organes nécessaires à la reproduction. Nous avons donc, dans ces fleurs, un assemblage de petites fleurettes qui se présentent ordinairement sous deux formes : celles qui tapissent le réceptacle sont de forme tuyautée, et celles qui les entourent de forme ligulée. Or, les fleurs doubles des Composées ne proviennent que de l'allongement des fleurs tuyautées, comme on l'observe dans quelques variétés de Reines-Marguerites et de la Paquerette en particulier ; ou bien de la transformation de ces fleurs tuyautées en fleurs ligulées, comme on l'observe dans d'autres variétés de Reines-Marguerites, le Dahlia, le Zinnia double, etc. La section des Chicoracées, dont toutes les fleurs sont ligulées, sont par cela même inaptes à cette sorte de duplicature que nous pourrions, pour être plus exact, ne considérer que comme une variété grandiflore.

Les duplicatures sont fréquentes chez les végétaux cultivés. Les plantes spontanées en offrent plusieurs exemples; ainsi nous citerons les *Rubus fruticosus, Ranunculus acris, bulbosus, repens, Cardamine pratensis, Lychnis dioica, Flos-Cuculi, silvestris,* etc. Quant à leur mode de production, comme pour la plupart des autres variations, en dehors des conditions générales que nous avons précédemment indiquées comme amenant l'ébranlement de la stabilité chez les plantes, la cause première nous échappe. Un sol riche, une culture amenant une végétation luxuriante, sont celles sous l'influence desquelles nous voyons se produire généralement les duplicatures dans nos jardins.

Mais nous pouvons répéter avec De Candolle, « Que si nous

ignorons le plus souvent ce qui détermine les fleurs à devenir doubles, nous savons que, si nous récoltons des graines sur un individu à fleurs semi-doubles, les pieds qui en résultent ont plus de tendance à doubler que si on les avait prises sur des fleurs simples (1). » Si nous rappelons cette phrase du grand botaniste, c'est qu'elle est une nouvelle confirmation de la régle que nous avons posée précédemment, que pour créer et ensuite pour fixer, dans une plante dont la stabilité est ébranlée, la règle générale est que les graines doivent être recueillies sur les individus qui se rapprochent le plus du type qu'on s'est formé. Si donc une variation de duplicature, même minime, apparaît chez une plante annuelle, ce ne sera qu'en récoltant les graines sur les individus qui présenteront au plus haut degré ce phénomène qu'on parviendra à la fixer d'abord, et ensuite à l'augmenter. Qu'elle se manifeste chez une plante vivace ou une plante annuelle, comme nous savons qu'un terrain nutritif, riche en humus pousse à la duplicature, nous aurons soin de tenir notre plante dans les conditions les plus favorables à la faire végéter vigoureusement. Par ce moyen nous aurons plus de chances que nos graines produisent et augmentent le caractère que nous désirons.

Comme on vient de le voir, la duplicature peut se présenter chez tous les végétaux, soit annuels, soit bisannuels, vivaces ou ligneux, et chez tous, quand ils sont fertiles, on peut arriver à faire que ce caractère se reproduise identiquement par le semis. Nous en avons des exemples dans les espèces suivantes.

1. *Annuels et bisannuels.*

Impatiens Balsamina.	*Dianthus sinensis.*
Convolvulus tricolor.	*Papaver somniferum.*
Campanula Medium.	— *Rhœas.*
Clarkia elegans.	*Delphinium Ajacis.*
— *pulchella.*	— *ornatum.*
Callistephus sinensis.	*Althœa rosea, etc.*

Dans quelques cas de fleurs pleines ou à organes reproducteurs incomplets (par transformation pétaloïde ou par atrophie), il ne

______

(1) *Phys. vég.*, II, p. 692.

restera pour conserver la variation que la voie du bouturage ; c'est ce qui arrive pour la variété double du *Chrysanthemum coronarium*, des *Petunia*, etc.

2. *Vivaces*.

Les exemples pourraient être nombreux, si ces plantes se multipliaient plus généralement de semis. Nous n'en connaissons qu'un ; c'est celui du *Platycodon autumnale*, qui se reproduit bien franchement. Pour le plus grand nombre, les semis de plantes doubles donnent des proportions variées de plantes à fleurs simples, demi-doubles et doubles. Ex. : *Pyrethrum roseum, Dahlia, Chrysanthemum indicum*, etc.

3. — *Arbres et arbustes*.

Nous croyons qu'on peut arriver à faire que les variétés frutescentes à fleurs doubles se reproduisent exactement par le semis. Si la plupart ne possèdent pas cette faculté, c'est que la facilité qu'on a de les multiplier autrement et la durée de ces plantes ont empêché qu'on ne s'en occupât. Dans notre conviction profonde, les variétés arborescentes à fleurs doubles ne doivent pas être plus difficiles à fixer que celles des espèces annuelles ; seulement leur fixation nécessiterait de longues années d'expérimentation. Parmi les faits qui justifient cette manière de voir, citons les suivants : M. Camuzet fit plusieurs fois des semis de Pêcher à fleurs doubles et obtint toujours des individus identiques à la plante qui avait produit les graines (1). M. Jacques a confirmé ce résultat ; il sema, en mars 1846, 12 noyaux de Pêcher à fleurs doubles. Sur ce nombre 5 seulement germèrent en mai, et le 5 avril 1849, les quatre individus qui fleurirent étaient à fleurs doubles (2).

En semant la graine du *Malus spectabilis flore duplici*, M. Camuzet obtint également le même résultat (3). Il n'en fut pas de même d'un semis de *Prunus spinosa*, qui ne reproduisit que du Prunellier ordinaire. Mais il est probable qu'en répétant

(1) *Ann. Soc. d'Hort. de Paris*, 1848, p. 193.
(2) *Ann. Soc. d'Hort. de Paris*, 1849, p. 183.
(3) *Ann. Soc. d'Hort. de Paris*, 1848, p. 193.

et en variant les semis de cette variété, en prenant par exemple les graines sur des individus cultivés dans d'autres conditions, on serait arrivé à un résultat meilleur.

Jusqu'ici nous avons vu la duplicature se présenter d'abord chez un individu unique, et cet individu devenir la souche d'une race constamment et régulièrement double. Nous avons vu aussi que la conservation et la multiplication des plantes à fleurs pleines n'étaient possibles que par la division mécanique des individus. Cependant il est une plante qui présente une dérogation très-remarquable à ces deux lois : nous voulons parler de la Quarantaine. Chez celle-ci, en effet, les plantes à fleurs doubles ne peuvent servir de porte-graines, car elles ne présentent plus d'organes reproducteurs valides. Il semblerait qu'on ne devrait et qu'on ne pourrait les multiplier que mécaniquement. Il n'en est rien cependant, comme on le sait : on a tourné la difficulté en ne poussant pas la sélection à l'extrème, et en se contentant de chercher à produire dans les semis la plus forte proportion possible de plantes à fleurs doubles, mais toujours accompagnées de plantes simples. Celles-ci, quoique ne présentant aucune trace de duplicature et ne différant en rien par l'apparence extérieure d'une Quarantaine qui ne donnera naissance qu'à des individus simples, sont cependant profondément modifiées dans leur idiosyncrasie, car elles donneront naissance, si la sélection et la culture ont été convenables, à une proportion très-notable de plantes doubles. Ce fait entraîne naturellement cette question : comment arrive-t-on à obtenir ce résultat ? Plusieurs moyens ont été indiqués, mais que nous ne pouvons pas reproduire ne les ayant pas expérimentés. Le docteur Messer de Cabo, dans un petit ouvrage publié à Neustadt, en 1828, sous le titre : *Art d'obtenir des Giroflées doubles*, donne comme conséquence de nombreuses expériences, « qu'en supprimant les anthères des fleurs avant qu'elles aient répandu leur pollen, les graines provenant de ces fleurs produisent des fleurs doubles avec une extrème facilité. C'est sur le *Cheiranthus annuus* (Giroflée quarantaine) qu'il avait expérimenté : sur 100 plantes il en obtenait toujours de 60 à 70 à fleurs pleines, tandis qu'en ne supprimant pas les anthères des porte-graines, il n'en n'obtenait que 20 à 30 0/0. Si les étamines, ajoute-t-il, sont encore trop jeunes lorsqu'on

leur fait subir la castration, l'ovaire avorte; si elles ne la subissent que lorsqu'elles sont mieux formées, mais toujours avant
qu'elles aient répandu leur pollen, l'ovaire se développe, devient
fruit; mais au lieu de contenir de 40 à 50 graines, il n'en contient que 5 ou 6, toujours plus courtes et autrement configurées (1) »

Si le fait est exact, nous pourrons en conclure que l'opération
indiquée plus-haut agit surtout en diminuant le nombre des
graines et en concentrant dans celles qui restent l'exubérance de
santé de laquelle doit résulter la duplicature.

On a dit que l'âge des semences a une influence très-grande
sur la production des plantes à fleurs doubles. Ce fait est généralement admis en horticulture, et plusieurs auteurs ont publié à
ce sujet des notes très-intéressantes. En voici une qui se rapporte
à notre plante et que nous trouvons dans le *Gardeners'Chronicle*,
« la graine de *Matthiola annua* semée immédiatement après la
récolte produit peu de plantes à fleurs doubles, tandis que les
graines reposées pendant 3 ou 4 ans en produisent beaucoup. »

Cette influence des graines reposées a été également remarquée
par l'auteur d'un mémoire adressé à la Société d'Horticulture de Ber-
lin, dans lequel l'auteur dit avoir semé en même temps des graines
de Giroflée dont les unes étaient de l'année précédente et les autres
de plusieurs années; le resultat fut que les dernières ne produisi-
rent que 46 individus à fleurs simples sur plusieurs centaines,
tandis que les premières ne donnèrent que des fleurs simples (2).

Dans quelques pays, en Allemagne notamment, où la culture des
Giroflées est en honneur, et où on s'occupe sur une grande échelle
de la production de ces graines, on est frappé de ce fait, c'est que les
Giroflées doubles sont séparées des Giroflées simples; ou bien,
lorsqu'elles sont réunies, que les premières sont considérablement
plus nombreuses que les secondes, et en visitant les cultures de
MM. Vilmorin, on a pu faire la même remarque. En faisant
cette observation, on est porté naturellement à se demander si la
séparation des doubles et des simples a été opérée quand les
plantes étaient jeunes encore, ou bien si l'on a attendu, pour la

---

(1) *Ann. de l'Inst. roy. hort. de Fromont*, 1833.
(2) *Ann. Soc. d'hort. de Paris*, VI, p. 150.

pratiquer, qu'elles fussent prêtes à fleurir. A son tour cette question entraîne celle-ci : Peut-on savoir, à la simple inspection d'une plante, lorsqu'elle n'est qu'en feuilles si les fleurs qu'elle donnera seront simples ou doubles?

Nous nepensons pas que des observations bien positives aient été faites en dehors des Giroflées. Dans la généralité des plantes qui présentent des variétés à fleurs doubles, les feuilles et l'*habitus* de celles-ci ne sont pas différents de ceux des plantes qui les ont produites. Cependant il existe à n'en pas douter un moyen de distinguer dans le plant de Giroflées celui qui produira des fleurs doubles de celui qui sera simple.

L'essimplage est même une opération connue et pratiquée par tous les horticulteurs qui fournissent nos marchés de ces fleurs, et qui limitent leur culture à une ou deux variétés. Quant à préciser les caractères sur lesquels ils se basent, nous avouons ne pouvoir le faire, tant ils sont légers et difficiles à saisir. Il n'y a sur ce sujet aucune loi certaine; ce n'est, en définitive, à ce qu'il paraît, qu'une affaire de tact et d'expérience ; des personnes très-intelligentes du reste n'ont pu y arriver, pendant qu'on voit les enfants des jardiniers essimpler sans se tromper; et nous citerons même comme exemple un de nos plus sagaces horticulteurs qui s'est, à une certaine époque, beaucoup occupé des *Camellia* et qui en avait acquis une connaissance assez intime pour en distinguer 150 variétés à la simple inspection de la plante dépourvue de fleurs et qui cependant n'a jamais pu, malgré toute sa bonne volonté, arriver à essimpler des Giroflées.

On n'a guère parlé de l'essimplage que pour les Giroflées; cependant, d'après M. Rigamonti (1), on porruait aussi le pratiquer pour les Œillets. Si l'on en croit cet observateur, les Œillets doubles se reconnaîtraient facilement à ce qu'ils présentent 3 petites feuilles disposées en verticille. Il dit aussi avoir fait la même remarque sur les plants de *Primula sinensis*. Nous ne l'avons pas vérifié ; mais si cela est vrai, ne pourrait-on pas supposer, bien que la disposition des feuilles des Crucifères soit différente de celle

---

(1) *Journ. Soc. d'hort. de Paris*, 1851, p. 510.

des Caryophyllées, qu'il en fût de même pour les Giroflées quarantaines?

Les plantes à fleurs très-doubles ne produisent que peu de graines; telles sont par exemple les Balsamines Camellias, les Passeroses, les Reines-Marguerites que nous maintenons dans cette section, bien que nous sachions que ce ne sont pas en réalité de vraies fleurs doubles; aussi perdraient-elles promptement leur caractère de plantes bien doubles sans une culture entendue et surtout si une *sélection* rigoureuse ne présidait à la récolte des graines. Ce n'est en effet qu'en choisissant toujours pour porte-graines les individus dont les fleurs sont très-doubles et en excluant avec le plus grand soin les plantes simples, qui sont les plus fertiles, et dont la progéniture étoufferait rapidement les premières, qu'on est assuré de conserver ces variétés.

Bien que Poiteau ait dit avoir vu obtenir des Reines-Marguerites parfaitement doubles après deux générations seulement en semant des graines prises sur les plus petits capitules de Reines-Marguerites à fleurs simples (1), nos grands cultivateurs de Reines-Marguerites et de Roses-Trémières procèdent autrement et avec connaissance de cause, pour la reproduction de ces plantes.

Nous savons aussi que M. Reed (2) a donné le moyen de n'avoir toujours que des Balsamines parfaitement doubles. Ce moyen repose entièrement sur le volume et la forme des graines. Cet observateur a remarqué que les graines petites et moyennes, mais bien rondes et pleines, produisaient des fleurs très-doubles; tandis que les graines allongées ne donnaient que des fleurs simples ou peu doubles. Nous n'avons pas vérifié ce fait ; mais nous savons que toutes les graines de Balsamines Camellias sont beaucoup plus rondes et moins allongées que celles des Balsamines ordinaires.

§ XI. — Des variétés prolifères.

Les prolifications s'observent rarement dans les cultures et plus rarement encore chez les plantes spontanées, ce qui indi-

---

(1) *Journ. Soc. d'hort.*, VI, p. 241.
(2) *Journ. Soc. d'hort. de Paris*, IX, p. 139.

querait, comme l'ont dit plusieurs botanistes, que ces anomalies seraient un résultat dû notamment à la fertilité du sol.

Ces monstruosités se présentent ordinairement chez les végétaux à fleurs parfaitement pleines; comme par exemple dans le *Rosa centifolia, Ranunculus repens, bulbosus, acris, Bellis perennis.* Ces plantes ne fructifiant pas, on les multiplie d'éclats, de greffes, boutures, etc.

Mais lorsque la prolification n'entraîne pas l'infécondité des fleurs, elle peut se propager par semis. Tel est, par exemple, le Souci, qui se reproduit dans la proportion de 50 à 60 p. 0/0 et qu'on arriverait indubitablement à fixer, si l'on en avait le désir. La Giroflée Cocardeau prolifère se reproduit également dans les mêmes proportions.

Une autre prolification analogue à celle que présentent les Renoncules et la Rose précitées, est celle qui est produite par le *Scabiosa atropurpurea.* Cette monstruosité qu'on observe parfois dans les semis ne se réproduit qu'imparfaitement. Ici encore, comme dans le Souci prolifère, il ne suffirait probablement que de quelques années de semis consécutifs et de sélection rigoureuse pour arriver à fixer cette prolification.

Enfin la variété de *Papaver somniferum* que MM. Vilmorin cultivent sous le nom de *P. monstruosum* offre aussi un exemple fort curieux de prolification. Chez ce Pavot, presque toutes les étamines sont devenues autant de petits carpelles distincts présentant encore tout autour d'eux quelques rudiments d'anthères. La capsule principale ne s'atrophie pas; au contraire, elle acquiert un développement normal et renferme une quantité innombrable de graines; les nombreux petits carpelles qui l'entourent forment un assemblage des plus bizarres : les plus developpés, qui sont de la grosseur d'une capsule normale de *Papaver Argemone* contiennent quelques graines; les plus petits en sont dépourvus.

Cette plante est curieuse non-seulement par son organisation, mais encore en ce qu'elle se reproduit identiquement et franchement de semis.

§ XII. — Des variétés par soudures.

Nous ne connaissons qu'un exemple de cette monstruosité dans les plantes d'ornement : c'est celui du *Papaver bracteatum*, dont la corolle est devenue monopétale par soudure des pétales. Cette monstruosité, décrite et figurée dans la *Revue horticole*, est cultivée chez MM. Vilmorin. Elle ne peut se propager que d'éclats. MM. Vilmorin ont essayé vainement de la multiplier par semis.

§ XIII. — Des variétés par avortement.

Ce genre de monstruosité qui forme l'un des chapitres les plus intéressants de la tératologie végétale, a été remarqué sur toutes les parties de la fleur. Ce sont des déformations qui, on le pense bien, n'ont aucun intérêt au point de vue de l'ornement. Lorsqu'on en observe quelquefois, comme par exemple dans les Violettes, où les pétales arrivent à disparaître presque entièrement, on est plus porté à s'en défaire qu'à les propager.

§ XIV. — Des variétés péloriées.

Ces déformations ne s'observent que chez les plantes à fleurs irrégulières. On en connaît peu d'exemples et, à part celui du *Linaria vulgaris*, de la Calcéolaire et des *Gloxinia*, les autres sont tout à fait sans intérêt au point de vue de l'ornement.

Les causes qui produisent cette transformation sont peu connues : l'aridité et la sécheresse du sol, de nouvelles conditions de végétation, paraissent néanmoins en favoriser le développement. Willdenow a affirmé avoir récolté et semé des graines de *Linaria vulgaris peloria* et les enfants issus de ces graines auraient produit presque toujours des fleurs péloriées (DC., *Phys. vég.*, II. p. 692.

Nous avons eu occasion d'observer un grand nombre de Pélories de Linaire commune et autres, et malgré la multitude d'exemples qui nous ont passé sous les yeux, toutes pouvaient se grouper en trois classes ainsi composées :

1 { Corolle sans éperon , dressée , flabelliforme ou en éventail.

$$2 \left\{ \begin{array}{l} \text{Corolle sans éperon, dressée, cuculliforme ou primuli-} \\ \text{forme.} \end{array} \right.$$

$$3 \left\{ \begin{array}{l} \text{Corolle présentant depuis 4 jusqu'à 6 éperons, dressée, plus} \\ \text{ou moins primuliforme.} \end{array} \right.$$

Ces classes sont purement arbitraires et toutes ces formes se sont présentées souvent sur le même individu.

Dans les fleurs que nous avons examinées appartenant aux deux premières sections. la généralité des étamines ne contenaient pas de pollen ou celui-ci était infécond et les styles étaient généralement mal conformés.

Dans la troisième section, les étamines deviennent régulières, sont très-développées et les anthères ne renferment qu'un pollen mal conformé. Le pistil est généralement atrophié.

Les graines des deux premières sont, comme on le conçoit, d'une rareté extrême. C'est à peine si sur trois fortes touffes nous avons pu trouver quelques capsules renfermant de bonnes graines.

Un semis de ces graines, opéré en 1861, donna cinq plantes chez lesquelles les premières fleurs furent tout à fait conformes à celles de la Linaire commune normale ; les suivantes commençaient à devenir irrégulières : l'éperon avait disparu et la corolle avait une tendance à revêtir la forme d'un éventail. Malheureusement les froids arrivèrent avant que de nouvelles fleurs pussent se développer. Ces plantes furent mises en pots et nous nous proposons d'en suivre le développement cette année.

Les graines de la troisième section sont toujours stériles, ce qui ferait supposer que les expériences de Willdenow n'ont porté que sur de simples déformations de la Linaire, et non sur la Pélorie quinquénectariée, telle que l'a décrite Linné.

Ces Linaires se propagent facilement d'éclats ou de boutures.

§ XV. — Des Chloranthies.

Bien que ce nom ne rende pas exactement notre pensée, nous nous en servons néanmoins pour désigner d'une manière générale toutes les transformations que peuvent revêtir les organes floraux et qui ont pour résultat d'amener la stérilité absolue des fleurs en les transformant d'une manière plus ou moins complète en rameaux ou en organes foliacés. Ce sont des monstruosités purement accidentelles et qu'on ne peut propager que de boutures, d'éclats, etc.

Nous ferons rentrer sous cette désignation la monstruosité du *Lilium candidum* vulgairement et improprement appelée Lis double, et qui est plus qu'une duplicature, par suite du développement anormal de l'axe floral. Signalée d'abord en 1841, puis en 1843 et 1844 par M. Mérat (1), cette déformation est encore fréquente dans les jardins. Telles sont aussi la Rose verte, et cette autre monstruosité que présentent parfois les fleurs de certains Œillets, notamment du *Dianthus barbatus*, dont la formation est identique à celle du Lis blanc, avec cette différence que la couleur verte s'est substituée à la couleur primitive de la fleur.

Lorsque cette monstruosité apparaît sur un rameau de *Dianthus barbatus*, on constate que toutes les fleurs subissent la même transformation. Il serait donc intéressant de savoir si, en éclatant ou bouturant un rameau de cet individu et en excitant sa végétation par un procédé quelconque, on ne parviendrait pas à annihiler cette déformation et faire que des fleurs normales se développassent à leur place.

M. L. Neumann a essayé vainement de bouturer ces fleurs ainsi transformées en rameau, bien qu'il semble, à première vue, qu'elles doivent se comporter comme des ramifications normales.

Enfin nous comprendrons encore dans ce chapitre différentes monstruosités qui sont assez fréquentes dans quelques plantes d'ornement et qui résultent de la transformation des anthères en carpelles; telle est, par exemple, cette monstruosité, très-laide d'ailleurs, de *Cheiranthus Cheiri*, qu'on observe parfois dans les semis et qui, à notre connaissance, ne peut être multipliée que de boutûres.

---

(1) *Annales de la Soc. d'hort. de Paris*, 1845.

MODIFICATIONS DE FORME DANS LES ORGANES DE VÉGÉTATION.

§ I. — Modifications inermes.

Ce genre de variation a été rarement observé chez les végétaux ; cependant on en trouve des exemples dans le *Rubus fruticosus*. Le *Gleditschia sinensis* et le *Robinia pseudo-Acacia* ont produit des variétés inermes.

Ces variations sont de celles qui peuvent apparaître accidentellement sur une partie seulement d'un végétal épineux. L'homme recueille et propage ensuite par l'un des moyens connus la variation inerme ainsi produite. Elles peuvent aussi apparaître dans les semis, ce qui est arrivé pour le *Gledistschia sinensis*, obtenu en 1823 par M. Camuzet (1) ; mais nous ne pensons pas qu'aucune d'elles ait été fixée jusqu'ici, c'est-à-dire se reproduise de semis.

On se rappelle que M. L. Vilmorin a appelé l'attention des cultivateurs sur les avantages que l'agriculture pourrait tirer de la création et de la fixation d'une variété d'Ajonc sans épines. L'opinion de M. L. Vilmorin était qu'on pourrait arriver à ce résultat ; mais ses prévisions n'ont pu être réalisées. C'est peut-être, il faut le dire cependant, parce que les expériences qui ont été tentées à ce sujet n'ont pas été répétées avec la persistance nécessaire et qu'on s'est trop vite laissé arrêter par les premiers échecs éprouvés.

§ II. — Modifications épineuses.

Nous ne sachions pas qu'on ait signalé une variété épineuse d'un arbre inerme ; cependant il ne serait pas impossible que cette variation pût se produire.

L'horticulture s'est enrichie dans ces derniers temps d'une variété de *Cratægus oxyacantha* caractérisée par la présence d'un si grand nombre d'épines que M. Carrière n'a pu mieux faire que de lui donner l'appellation de *horrida*.

---

(1) *Ann. de la Soc. d'hort. de Paris*, XIII, p. 298.

§ III. — Modifications pleureuses.

Les variétés pleureuses sont fréquentes dans les plantes ligneuses de nos jardins. Celles dont nous connaissons l'origine ont été obtenues dans des semis ; c'est ainsi que sont nées les variétés pendantes des arbres suivants : du *Sophora japonica* qui, selon un auteur, aurait été obtenue par M. Joly, père, fleuriste à Paris, vers 1800 (1), et selon d'autres par M. Jouet, pépiniériste à Vitry (2), a été trouvé en définitive dans un semis de *Sophora japonica* ordinaire ; c'est aussi dans un semis de *Gleditschia* vulgaire que M. Bujot a obtenu le *Gleditschia Bujoti* (3) ; et il en est sans doute de même pour les *Fagus silvatica*, *Fraxinus excelsior*, *Betula alba*, *Salix capræa*, etc.

M. Henderson, directeur du jardin botanique de Chelsea, aurait, paraît-il, (4) obtenu des arbres pleureurs en greffant des rameaux qui naissent des Broussins ou *Nids de Pie*, que présentent certains arbres, les Ormes notamment ; mais nous croyons que cette observation aurait besoin d'être confirmée par de nouvelles expériences.

Toutes ces variations se propagent aisément de boutures, greffes ou marcottes.

Pourrait-on les fixer ?

Jusqu'ici les observations font pencher pour la négative. C'est ainsi qu'ayant semé des graines de *Fagus pendula*, M. Mac-Nab n'obtint que du *Fagus silvatica* ordinaire. Le même observateur remarqua que les plants d'un semis de *Fraxinus excelsior pendula* affectèrent différentes formes à l'exclusion de la forme pleureuse. Quelques-uns avaient, dès le début, une certaine disposition contournée ou en zigzag ; mais ils reprirent bientôt la forme dressée ; d'autres étaient nains, rabougris, et quand on les greffa sur le Frêne commun, ils ne firent aucun progrès. Cependant nous ne doutons pas que, comme toutes les variations qui n'entraînent pas

---

(1) *Ann. de la Société d'hort. de Paris*, VIII, p. 133.

(2) *Ann. de la Soc. d'hort. de Paris*, XIX, p. 26.

(3) *Journal de la Soc. d'hort. de Paris*, 1856 ; p. 414.

(4) Lettre citée.

la stérilité, on ne puisse arriver à fixer la variation pleureuse. Nous en avons pour exemple le *Betula alba*, dont un exemplaire magnifique qui existe au jardin botanique d'Édimbourg, au dire de M. Mac-Nab, donne des graines assez abondamment : tous les individus qui en proviennent sont dressés pendant 10 ou 15 ans ; après cela ils deviennent pleureurs comme leurs parents.

On dit aussi que le Frêne pleureur se reproduit dans des proportions assez notables ; mais, on le comprend, si on n'obtient pas du premier coup cette variété bien fixée, et que l'on doive chercher par une sélection raisonnée à arriver à ce résultat, il faudrait le plus souvent une suite d'expérimentations tellement prolongée que la durée de plusieurs vies humaines y suffirait à peine.

§ IV. — Des modifications fastigiées.

Il y a peu d'arbres à culture très-répandue qui n'aient produit des variétés fastigiées, et c'est ordinairement dans les semis qu'elles apparaissent. C'est ainsi que vers 1840, M. Bujot obtint, dans un semis de *Pinus silvestris*, une variété fastigiée à laquelle on donna le nom de l'obtenteur (1). Le *Robinia pseudo-Acacia* a donné aussi naissance à une variété fastigiée et il en est de même du *Cupressus sempervirens*, du *Quercus Robur*, etc.

Ces variations se multiplient de boutures, greffes et marcottes. Se reproduisent-t-elles de semence ? Quelques faits en démontrent la possibilité. Ainsi on sait que le *Quercus fastigiata* se reproduit assez bien de semis et que le *Taxus hibernica* se comporte de même, et nous en avons un exemple dans le bel exemplaire qu'on remarque dans la pépinière du château de M. de Rothschild, à Ferrière. « Cependant le *Taxus baccata hibernica*, dit M. Mac-Nab (2), est un arbre que j'ai fréquemment semé, mais sans succès : j'en ai toujours obtenu l'If commun. On m'a dit pourtant que d'autres personnes ont été plus heureuses et qu'elles ont obtenu la même variété; mais c'est un fait rare. » M. Mac-Nab ajoute que le *Taxus baccata stricta* a même été trouvé dans un semis de *Taxus*

---

(1) *Journal de la Soc. d'hort. de Paris*, VIII, 133.
(2) *Journ. Soc. d'hort. de Paris*, 1853, p. 389.

baccata hibernica et en diffère même complétement par l'exagéra-
tion du caractère dressé des rameaux.

§ V. — Des modifications fasciées.

Les fasciations sont des déformations occasionnées généralement
par un sol trop nutritif ; elles sont, en un mot, le résultat d'une végétation trop précipitée.

Lorsque les fascies se manifestent chez les végétaux annuels ou
vivaces, on n'a pas cherché à propager ces accidents. Il faut en ex-
cepter pourtant nos nombreuses variétés de *Celosia cristata*. A cet
égard, nous devons appeler l'attention sur ce fait que, d'après les
remarques de MM. Vilmorin, ce caractère est plus constant dans
les Célosies que leur coloration qui est bien plus sujette à varier.

Mais lorsque les fascies se manifestent chez les végétaux
ligneux, on peut les propager de greffe, bouture, marcotte. Tel est
le cas pour le *Sambucus nigra fasciata*.

§ VI. — Des modifications filiformes.

Ces déformations sont rares ; nous n'en connaissons que quelques exemples dans la famille des Conifères et notamment celui
qui a été produit par le *Thuia (Biota) orientalis;* sa variété *fili-
formis* qui, au dire de M. Pépin, serait constamment stérile (1),
fructifie cependant assez fréquemment et ses graines la reproduisent dans d'assez fortes proportions.

Les exemples de modifications de formes que nous venons de
passer en revue ont porté principalement sur l'ensemble du végétal : port, direction, etc. Il nous reste à examiner les variations
que le feuillage est susceptible de présenter.

§ VII. — Des modifications crispées.

Cette variation est fréquente chez les végétaux cultivés, à quelque catégorie qu'ils appartiennent.

Les plantes potagères nous en offrent de nombreux exemples :

------

(1) *Ann. Soc. d'hort.*, t. XXXIV, p. 77.

le Persil, le Cerfeuil, la Laitue, etc. Ces variations se reproduisent de semis et ont pu être fixées.

Les plantes vivaces n'en produisent que peu d'exemples ; la Tanaisie nous en fournit un des plus manifestes et se propage d'éclats.

Les arbres ont aussi donné naissance à des déformations crispées : l'Orme, le *Robinia pseudo-Acacia*, etc. Nous ne savons si ces variations seraient fixables ; nous le pensons, eu égard à ce qui se passe chez les plantes annuelles.

§ VIII. — Des modifications laciniées et hétérophylles.

Les laciniures, plus ou moins profondes, apparaissent particulièrement dans les plantes à feuilles lobées ou composées, plus rarement dans les feuilles simples ; on les trouve accidentellement dans les semis (1), et parfois aussi sur quelques parties d'un végétal ; on les trouve même à l'état sauvage ; telle est celle du *Corylus Avellana*, rencontrée dans un bois des environs de Rouen (2). Elles peuvent se multiplier de boutures, greffes, marcottes. Sont-elles fixables ? Nous ne connaissons aucune expérience décisive à cet égard ; nous pensons néanmoins que cette fixation pourrait être obtenue. En 1839, M. Jacques sema des noix de *Juglans laciniata*, et sur 45 individus qu'il obtint, 1 seul reproduisit cette variation (3).

§ IX. — Des déformations bullées.

Plusieurs de nos Choux ont leurs feuilles bullées. Le Basilic bullé, la Tomate de Laye, tout nouvellement introduite dans les cultures, présentent aussi ce caractère. Ces déformations semblent se fixer avec facilité.

§ X. — Des déformations cucullées.

Elles sont rares ; le *Broussonetia papyrifera* en présente un exemple. Cette variation se propage de bouture ou de greffe.

---

(1) M. Jacquin trouva dans un semis le *Betula urticifolia*. — *Ann. Soc. d'hort. de Paris*, t. XI, p. 141.

(2) *Ann. Soc. d'hort. de Paris*, t. VIII, p. 357.

(3) *Ann. de la Soc. d'hort. de Paris*, t. VII, p. 97.

C'est dans ces mêmes ordres de variations que nous placerons encore les monstruosités diverses que revêtent les frondes des Fougères. Ces variations, qui naissent accidentellement, ne se multipliaient jusqu'ici que par la division des pieds. On savait néanmoins que ces déviations se reproduisaient de semis, mais dans des proportions généralement très-faibles. Les expériences toutes récentes et du plus grand intérêt qui viennent d'être publiées dans les Annales des sciences naturelles, 4ᵉ série, XVI p. 367, par M. Kencely Bridgmann, *sur l'influence de la nervation dans la reproduction des monstruosités chez les Fougères*, démontrent de la manière la plus évidente, que ces déformations peuvent se reproduire identiquement de semis.

« La nervation dans ces monstruosités, dit M. Kencely Bridgmann, étant inconstante, variable, plus ou moins différente de l'état normal, suivant les régions de la fronde où on l'examine, et la production des sporanges étant intimement liée avec elle, on a pensé qu'elle pouvait influer sur la reproduction des monstruosités par voie de semis, et c'est pour s'assurer du fait que les expériences suivantes ont été entreprises.

« Sur une fronde choisie parmi les plus contrefaites du *Scolopendrium officinale multifidum*, on a recueilli, pour les semer, des spores prises indifféremment sur toute son étendue. Les plantes, au nombre de plusieurs centaines qui naquirent de ces semis, présentent tous les degrés de variations et de monstruosités, depuis la forme ligulée des frondes la plus simple et la plus normale, jusqu'à celle de la plante mère et même au delà ; ce qui, pour les amateurs de ce genre de plantes, aurait été considéré comme un progrès. Il est même à noter que les anomalies ne se sont pas produites dans un seul sens, mais dans trois sens différents, donnant lieu par là à trois variétés bien distinctes. Remarquons maintenant que la fronde sur laquelle les spores avaient été prises, n'était pas anormale sur toute son étendue ; que sur certaines portions de sa moitié inférieure, la nervation était à peu près ou tout à fait régulière et que ces portions avaient fourni leur contingent au semis. Dans sa moitié supérieure, au contraire, la nervation devenait de plus en plus irrégulière ; au lieu de rester parallèle à elle-même, elle se transformait en un lacis de fibres entrecroisées, d'autant plus compliqué qu'elle s'approchait davantage du sommet. En même temps les sores y devenaient insensiblement plus nombreux, plus petits, plus voisins du bord de la fronde, et leurs indusiums de plus en plus réduits finissaient par disparaître totalement sur les derniers qui n'étaient plus que de petits amas de sporanges disséminés sans ordre sur les plus grosses nervures.

» On verra par ce qui va suivre que l'apparition de formes normales et de formes monstrueuses dans les semis dont il vient d'être parlé, s'explique très-naturellement par le mélange des spores recueillies sur les portions régulières et sur les portions déformées de la fronde.

» Une seconde expérience fut faite à l'aide du *Scolopendrium officinale laceratum*, sur lequel se montrent nettement séparés les deux modes de nervation. On recueillit avec précaution les spores de la partie déformée de la fronde, et on les sema à part, dans une terrine remplie de terre calcinée. Le résultat fut que toutes les plantes qui en provinrent reproduisirent la forme crépue de l'individu mère, et quelques-unes même à un plus haut dégré.

» Les spores de la portion normale de la fronde, qui avait fourni ce premier semis, furent recueillies avec le même soin et semées dans des conditions identiques. Il en naquit de même des milliers de jeunes plantes ; mais c'est à peine si, sur la quantité, il s'en trouva douze qui montrassent, et encore à un faible degré, les irrégularités de formes si caractéristiques du premier lot. Les deux semis étaient si différents l'un de l'autre que, si l'on n'en eût connu la provenance, on n'aurait jamais pu croire qu'ils étaient si proches parents. La très-grande majorité des plantes était ici parfaitement normale ; quant au petit nombre de celles qui présentaient des traces de la monstruosité maternelle, cette monstruosité se bornait à des frondes bi ou trilobées au sommet, avec des bords plus ou moins sinueux ou quelque peu déchiquetés ; encore cette altération n'atteignait-elle le plus souvent qu'une ou deux frondes sur un même individu.

» Les plantes mélangées, obtenues dans la première expérience rapportée ci-dessus, furent retirées de leur terrine et mises en pleine terre, non pas une à une, ce qui eût été trop long, mais par petites touffes. Il en résulta que les individus atteints de mons-

truosité se trouvèrent mêlés à des individus de forme normale ;
mais, moins vigoureux que ces derniers, ils furent bientôt étouffés
par eux et disparurent tous. On eut donc là un de ces exemples
de sélection naturelle, où le plus fort tue le plus faible ; mais cette
sélection, comme on le voit, se fit dans le sens de la rétrogression,
c'est-à-dire en faveur du type le plus ancien, qui se maintint au
détriment de la forme nouvelle.

» Des expériences analogues furent faites sur d'autres variétés de
la mêmeespèce, et toujours avec des résultats semblables. Des spores
prises sur la sommité touffue du *Scolopendrium officinale Crista-
galli*, donnèrent naissance à plusieurs centaines de plantes, qui
toutes, pour ainsi dire sans exception, reproduisirent intégralement,
et quelques-unes même à un degré plus avancé, le caractère propre
à cette variété. Mais ce qu'il y eut de plus singulier ici, c'est que
la plante qui avait fourni les spores avait commencé par être très-
normale, et que la monstruosité ne s'était déclarée chez elle qu'a-
près la deuxième année, tandis qu'elle se montrait dès les premières feuilles sur sa nombreuse progéniture.

» Lorsqu'on a opéré sur des variétés de Fougères où la fronde
entière est atteinte de monstruosité, et, par suite, toute la nervation déformée, comme le *Nephrodium molle corymbiferum* ; le
Lastræa Filix-mas cristata ; le *Scolopendrium officinale margina-
tum*, etc., les spores prises sur tous les points de la fronde
ont reproduit la monstruosité maternelle avec peu ou point
d'altération. Sur quelques milliers de sujets obtenus ainsi du *Filix-
cristata*, un seul revint à la forme normale et typique de l'espèce ;
deux s'approchèrent de la variété nommée par Smith *angustata* ;
mas tous les autres restèrent absolument semblables à la plante
d'où ils sortaient. »

Les observations que nous venons de reproduire *in extenso* sont,
comme nous l'avons dit, de la plus haute importance ; elles sont
appelées à rendre d'immenses services à l'horticulture, qui, mar-
chant dorénavant d'un pas assuré, saura perpétuer de semis toutes
les modifications curieuses et bizarres que ces plantes peuvent
revêtir ; elles pourront le guider aussi pour la propagation d'autres
variations, telles que, par exemple, les panachures ; car ce seront
sans doute les spores prises sur la partie des frondes bien panachées qui reproduiront le mieux cette modification.

Les résultats précédents sont de même une confirmation de plus de ce principe que la sélection *est* et *sera toujours* le moyen le plus certain pour la reproduction et la fixation des variétés, à quelque catégorie de végétaux qu'elles appartiennent.

CONCLUSIONS GÉNÉRALES.

I. — PRODUCTION.

1°

Toute variété a d'abord existé à l'état de variation.

2°

La variation est la conséquence de l'ébranlement de la stabilité de la plante ou de son affolement.

Cet ébranlement peut se produire du premier coup; mais si on a affaire à une plante très-stable, on peut y arriver par une sélection particulière qui consiste à rechercher et suivre toujours les individus qui différeront le plus de ce type, dans quelque sens que ce soit. Quand la plante ainsi affolée aura acquis la faculté de varier facilement, on devra faire porter son choix sur les individus qui auront une tendance à la variation qu'on recherche.

3°

Les causes premières de la variation sont totalement inconnues.

4°

Les circonstances sous l'influence desquelles les variations se manifestent sont :

1° Une culture prolongée et des semis répétés pendant une longue suite d'années ;

2° Certaines pratiques de culture, tels que semis d'automne et repiquages successifs ;

3° Le dépaysement d'une plante entraînant, du reste, le plus souvent avec lui des conditions d'existence différentes, dans le sol, dans la température, l'humidité, la sécheresse, etc.

4° L'âge des graines ;

5° Les fécondations artificielles.

II. — Fixation.

1°

La variation n'est fixée et ne passe au rang de variété, puis de race, que lorsquelle se reproduit plus ou moins exactement par semis.

2°

La fixation d'une variation peut s'obtenir du premier coup, ou après plusieurs générations.

Nous savons que le dépaysement ou changement de conditions d'existence est l'une des causes les plus importantes qui poussent à la variation ; la fixation d'une variété s'obtiendra donc d'autant plus facilement que cette cause continuera à subsister.

Dans le premier cas, l'isolement seul est nécessaire pour empêcher le métïssage par d'autres individus appartenant à la même espèce.

Dans le second cas, à l'isolement il faut joindre la sélection, c'est-à-dire choisir pour porte-graines les individus qui reproduiront au plus haut degré les caractères qu'on tient à fixer.

Toujours le choix devra porter sur les individus que l'expérience a démontrés devoir reproduire avec le plus de probabilité le type à fixer.

Presque toujours ce seront ceux qui se rapprocheront le plus de ce type.

Pourtant il est nécessaire de tenir compte non pas seulement des caractères extérieurs du porte-graines, mais encore de l'idiosyncrasie de chacun d'eux.

Et dans quelques cas, les individus qu'on devra choisir devront différer d'une manière notable du type à fixer, comme, par exemple, dans les panachures des fleurs.

Fécondation artificielle.

La fécondation hybride ne peut produire que des variations qui pourront, il est vrai, se multiplier mécaniquement, mais qui ne seront pas fixables et ne pourront, par conséquent, être amenées à constituer des **races** ou des variétés, les produits qui en naîtront, devant être stériles, ou s'ils sont fertiles, n'ayant qu'une fertilité limitée à quelques générations ou disparaissant après un certain temps par la disjonction des types.

Un des caractères des hybrides est aussi un grand développement des organes de végétation coïncidant avec une floraison peu abondante; ils sont, en général, intermédiaires entre les espèces types, mais souvent se rapprochent plus du père.

L'hybride fécondé par lui-même retourne plus ou moins rapidement aux parents.

L'hybride fécondé par un parent retourne aussi très-promptement à ce parent.

Le métissage, c'est-à-dire la fécondation réciproque de variétés ou races d'une même espèce, servira à obtenir des variations nouvelles, intermédiaires entre les parents, très-fertiles, et qui pourront se fixer plus ou moins rapidement, et constituer de nouvelles variétés ou races. Ce sera aussi un puissant moyen de produire et d'augmenter l'affolement.

Dans le cas de fécondation de l'individu par son propre pollen, il paraît possible que par le choix de celui-ci on arrive à modifier les individus qui en naîtront; c'est du moins ce que nous ayons rapporté pour la formation de variétés naines d'Azalées.

POLYMORPHISME.

La variation ne porte pas toujours sur toutes les parties similaires de l'individu; elle peut ne se montrer que sur un point très-restreint : c'est ce qui constitue le Polymorphisme. On pourra séparer les parties ainsi modifiées et essayer d'en faire des individus distincts par un des moyens de multiplication connus. Cette variation ne se conserve et ne se multiplie généralement que par marcottes, greffes, boutures, etc. Cependant on pourra chercher dans la suite à la fixer par le semis, et on y arrivera probablement dans un certain nombre de cas.

Paris. — Imprimerie horticole de E. Donnaud, rue Cassette, 9.